JN172424

1957
イェール大学ブランフォードチャペルにて結婚式（7月31日）

1971
LHRH構造解明をアメリカ内分泌学会で発表（6月24日）
松尾壽之博士［左］、A・シャリー博士と有村章

1934頃
章の剣舞

1940頃
勝子のお茶運び

1961—
章の母清子に子育てを
支えてもらった札幌時代

1987
章のお点前

2002頃
ヒマワリ［上］
ニューオリンズの家並［右］
（勝子＝画）

1960
初めてのヨーロッパ旅行
（章＝文／勝子＝画：孫・憲の誕生祝いの絵本
『うさぎ物語』1999より）

1996
ハンガリーのワイン蔵にてワイン博士
の資格を授与される

2002
勝子のスタジオで開か
れた勝子の個展をお揃
いで鑑賞

1985頃
二人で改築したアパート

1985頃
アパートを改築中の章

1997
ミシシッピ川土手に勢揃いした有村一家
右より長男・次郎、長女・美香、次男・真

2002—
勝子のスタジオ(右端奥)を増設したウエストチェスターの家

2006
ミシシッピ川土手にて

1995
章の勲三等旭日中綬章受章記念に

私たちのワンダフルライフ

神経ペプチドに魅せられて

有村 章・有村勝子

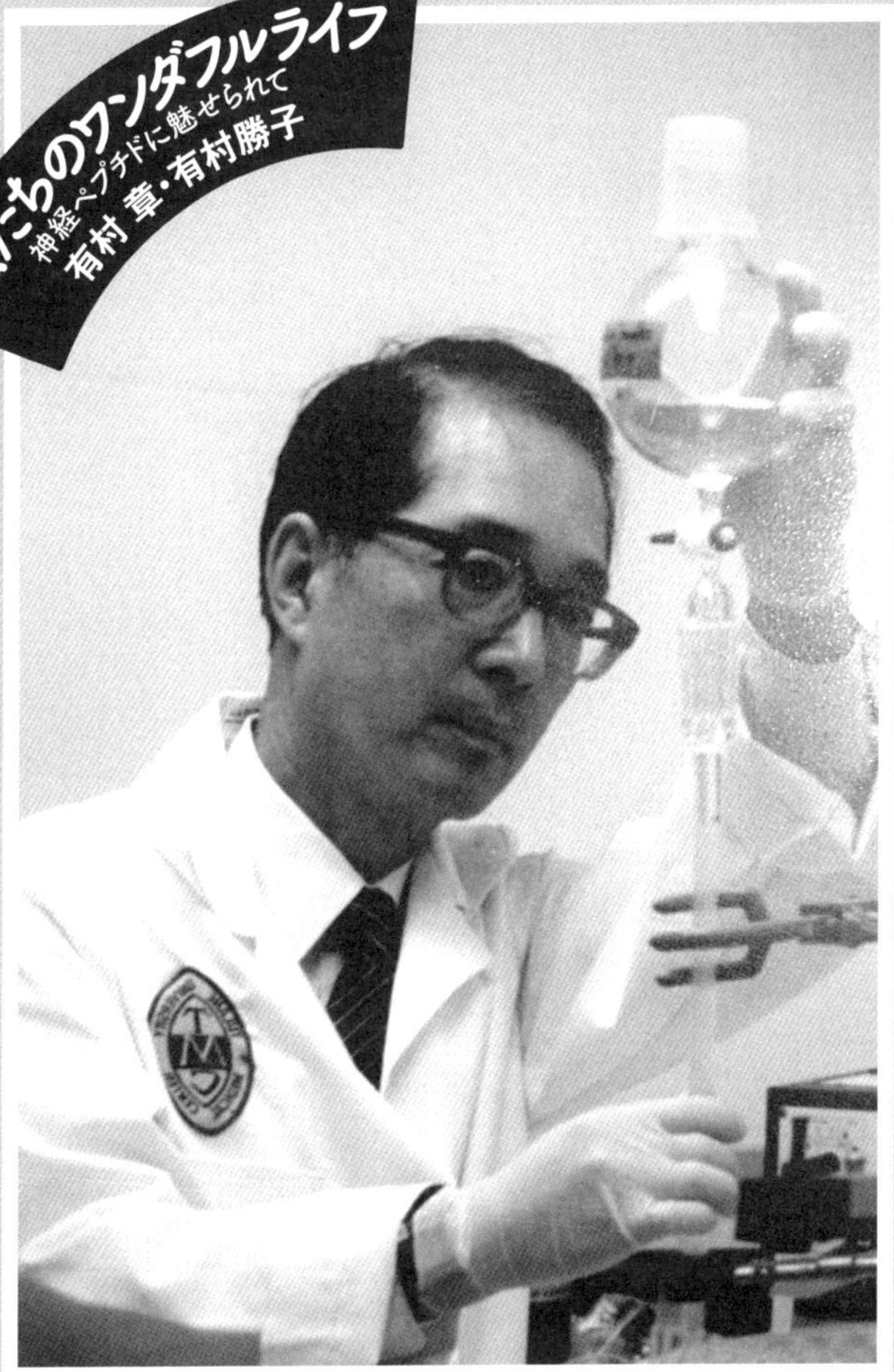

工作舎

目次

神経ペプチド研究のルーツ　有村 章　253

私たちの滞米日記

有村 章・有村勝子

1957 summer
ニューオーリンズへ

第1部

1 神経ペプチド研究に魅せられて

私たちの延べ三〇年にわたる滞米生活の経験を書くようにとのご依頼が舞い込みました。いろいろ考えても結局ごく個人的、主観的な思い出しか書けないので、このような題になりました。最初に章が渡米したのが一九五六年、二度目が一九六五年ですから、記憶もあやしいところがあるので、勝子にも加わってもらって、彼女のほうがよく覚えているところは彼女に任せることにしました。

神経内分泌の研究を指向して

章が名古屋大学を卒業した一九五一年は、市内に戦争の跡が残っていて、食べ物も物資もまだ貧しい時でした。学生時代に結核になって、四年間も休んだので、体に自信がなく、いちばん楽な大学病院でインターンを済ませ、さて何を専攻しようかと考えた末、内科に入局して、神経の勉強をすることに決めました。

すると、神経研究室主任の祖父江逸郎先生が、視床下部の疾患の診断方法がないから、そのほうの研究をするようにと言われたのが、神経内分泌の研究に一生を託するきっかけになりました。最初の患者が尿崩症だったので、バソプレッシン（抗利尿ホルモン）の作用について興味がわき、当時汗の研究の大家であられた久野寧教授の生理学教室で汗の化学との関連でバソプレッシンの研究をしておられた伊藤眞次助教授のところへ、時どき相談にゆきました。

つい二、三年前フランスのヴィンセント・デュ・ヴィニョーがこのペプチドの化学構造を決定して、神経分泌の概念がはっきりしてきたころでした。まもなくバソプレッシンがACTH（副腎皮質刺激ホルモン）の分泌をひきおこすことも分かってきました。このように視床下部のペプチドが脳下垂体ホルモンの分泌をひきおこすことは、神経内分泌の分野における画期的な発見でした。ジョフリー・ハリスの視床下部神経分泌物が下垂体門脈系に流れこんで、下垂体前葉細胞に達して、その分泌をコントロールするという説が注目をあびてきたころです。

その時、生理の大学院生になっていた章もこの問題に夢中になって、伊藤先生の勧めもあって、バソプレッシンの下垂体前葉に対する影響について研究することに決めました。そのころはラット副腎のアスコルビン酸の減少がACTH分泌の指標でした。サンプル内のACTHを測定する時には、下垂体摘出ラットにこれを注射して副腎を取り出し、そのアスコルビン酸の減少を指標にしました。ラットを電車につんで大阪にゆき、塩野義研究所の田中博士に外聴道からする下垂体摘出法を教えてもらったのも、そのころでした。一応できるようになりましたが、十分な自信はありませんでした。

バソプレッシンの大量投与がACTHの分泌をひきおこすことは、すでによく知られていましたが、ACTHの分泌をおこさない程度の少量を投与しておくと、そのあと加えたストレスによるACTHの放出が抑制されるという面白い現象に気づきました。今ではバソプレッシンがCRF（Corticotropin releasing factor：副腎皮質刺激ホルモン放出因子）の作用を増強することが分かっていますが、少量のバソプレッシンの前処置がどうして次のストレスに対するACTH反応を抑制するのか、今でも不思議に思っています。もっともストレスは比較的弱いものに限りますが、それだけに日常のちょっとしたストレスによるACTH分泌の微妙な調整に、この機構がはたらいている可能性は強いと思っています。

この仕事は伊藤先生と一緒に『ネイチャー』誌に投稿したところ、幸いすぐに受理されました(1954)。英国の一流雑誌に敗戦国の大学院生の論文が受理されたことに有頂天になりましたが、そのころ、日本は外貨がなくて、別刷を注文することもできず、図書館にも『ネイチャー』誌がなかったころです。一九五六年、イェール大学に留学することになって、英国式の古めかしい図書館で自分の論文に初めて巡り会いました。

茶道と実験の所作

渡米前の話が長くなりますが、アメリカでの経験と関係あることなので、もう少しお話ししたいことがあります。大学院のころ章は奨学金をもらっていましたが、それだけでは足りなかったので、時どき患者の往診などして、小遣いを稼いでいました。名古屋には古い習慣が家庭の生活にも染み込んでいて、診察のあと、よくお点前でお茶を出されました。お茶碗をどう持っていいのかさえ知らなかった章は、その都度まごつきました。

医者としてそれぐらいのことは心得ておくべきだと決心した章は、内科の友達と近所のある商事会社の主人と相談して、お茶の先生に来てもらって一緒に習うことにしました。裏(千家)と表(千家)とどちらにするかと聞かれて、「それは表がいいに決まっているさ」といった調子でした。どうせ習うなら若くて綺麗な先生がいいというので、人に頼んで先生を探してもらいました。そのせいかみんな一所懸命に習って、一年半もすると動作も自然になったように思いました。

ある日研究室で実験をやっていた時です。ビーカーを動かしピペットを扱う動作や心構えが、お茶をやっている時のように、じつに自然にゆったりと、しかし心はすべてに配られて、実験がスムースに間違いなく運んでいることに気づいたのです。形式に囚われすぎると感じた茶道の所作が、じつは四百年の試行錯誤の結果つくられたものだと感心すると同時に、茶道の原理は実験する科学者の態度にも通じることに気づいたのです。それからは実験に間違いがなく、自分でも不思議なくらいうまくできるようになりました。

話がとびますが、シャリー博士と仕事をするため、二度目の渡米をして彼の研究室で働いていた時、アメリカ人大学院生が一緒に仕事をしていました。彼は一つのことをやっている時にはほかのことには頓着ないようすです。そのため、ピペットをとる時に近くにビーカーがあることに気づかず、ビーカーを倒すようなことがよくありました。ある時、茶道のことと名古屋での経験を話してやりました。それから彼は、なにかしくじると章を見て「ティー・セレモニーをしないといけませんか？」といいました。

こういう経験から、今の（日米協力生物医学）研究所を作る時、ゲストルームを日本間にして、炉をきり、お茶を立てられるようにもしました。時どきそこで勝子がお茶を立てると、アメリカ人も他所の国からきた学者も喜んで、甘いお菓子で苦いお茶を飲むようになりました。

最初の渡米

久野先生は退官しておられ、伊藤先生はアメリカへ留学中、学位論文もできあがったので、章も一度は留学してみたいと思って伊藤先生に相談してみたところ、三か所ほど留学先を紹介してくださいました。コロンビア大学の薬理、イェール大学の生理、それにハーバード大学の内科で、それぞれ内分泌の研究で有名な所ばかりです。バソプレッシンのATCH分泌に対する英文の論文をそえて留学したい旨を書き送ったところ、いずれからもたいへん好意ある返事をもらいました。ただ時期の点でイェール大学のロング教授からは今年の夏から来てもよいこと、それにイェールのフェローシップをくれるということだったので、一も二もなくイェールに決めました。

幸いフルブライトから旅費をもらうこともできましたが、一〇ドルしか外貨が持ちだせません。フルブライト側も一〇ドルでは、いくらなんでも無理だから、アメリカについたら、つてを求めてお金を借りなさいと言うのですが、向こうにつてがあるわけでなく、貿易会社をやっていた遠い親戚から一〇〇ドルを借りることにして、出かけました。一九五六年六月でした。

この時、生まれて初めて飛行機に乗ったわけですが、まだプロペラ機でした。航続距離が短いので、給油のためにまずグアム島に降りました。強烈な日光の下、真っ青な海、あちこちに座礁したままの船が戦争の跡をまだ生々しく留めていました。ハワイでは名古屋の友達のいた病院のレジデント宿舎に泊めてもらい、畑の中で食べたパイナップルとアイスクリームが、日本での食べ物に比べてとても豪華に思えて美味しかったことを覚えています。

サンフランシスコに降りると学生らしいアメリカ人がフルブライト留学生の世話をするために迎えにきていて、彼の運転する目が回るような早さで疾走する車でダウンタウンまで連れていってもらいました。サンフランシスコで休憩した後、ふたたび飛行機でニューヨークにたどり着きました。

コロンビア大学に留学しておられた伊藤先生が迎えにきておられ、マンハッタン東部のつつましいアパートに泊めていただきました。章の体が丈夫でないことを知っておられた先生は、ご自分のベッドを提供されてご自分は床の上に寝られたり、朝は目玉焼を作ってくださったり、本当に申し訳ないほど労っていただいたおかげで、長い旅の疲れもそれほどに感じることなく、ニューヘイヴン行の列車に乗ることができました。

ニューヘイヴン

駅に降り立ち外に出ると、真昼だというのに人っ子ひとり見当たりません。まるでヒッチコック映画の画面を見ているような不思議な景色にうつりました。日本の雑踏に慣れた目には、日中の駅前の異様な静けさにとまどってしまいました。一〇分ほどして黄色のタクシーがやってきた時にはほっとして、YMCAに連れて行ってもらい、受付で今東京から着いたのだが部屋はないかと、かすれた声で聞くのがやっとでした。ベッドに横になって、薄暗い天井を眺めながら、はるばるとアメリカまでやってきた感慨を味わっていました。

夕方になったので、近くにあったジュラルミンでできた簡易食堂に入ると、ほかには一組の客しかいません。注文をとりにきたウェイトレスが、まったくつっけんどんに投げ出すようにして、フォークをガチャガチャと置いていった時には、戦争中の反日感情がまだ残っているせいかとヒヤッとしましたが、もう一組のアメリカ人の客にも、同じようにナイフとフォークを叩きつけているのを見てホッとしました。

留学の契約が七月一日からとなっているので、翌日大学へ行って、受付に座っていた上品な婦人に生理学教室のロング教授に連絡してもらったところ、しばらくして大柄の女性が出てきて何やら大声でしゃべっているのですが、よく聞き取れません。何回か聞き返して、やっと教授はヨーロッパへ休暇で行って留守だが、クライン助教授が世話をするから彼に逢うようにということらしいのです。

イェール大学にはユダヤ人の職員が多いのですが、クライン助教授もユダヤ人でした。それから、どういうわけか知りませんが、アメリカで親しくなった人々の中には、ユダヤ人が大勢いました。ユダヤ人は一般のアメリカ人と違って、黙っていてもこちらの気持を察してくれるので、友達ができやすかったのかもしれません。ホストファミリーのフェーテルソン歯科医、隣りの研究室で仕事をしていたちょうど学位をとったばかりのプロディッシュ博士もユダヤ人でした。渡米前に名古屋で駐留軍士官の奥さんに会話を習ったのですが、それがぜんぜんと言っていいくらい役に立たないことが分かって絶望的でした。しかし教室の人々はみんなとても親切でした。

クライン博士はとくに親切で、何回こちらが聞き返しても面倒がらずに、根気よく話してくれました。一度あんまり聞き返すのも悪いと思ったので、よく分からないまま「イエス」と言ってしまいました。そのとたん、「いや分かっていない」と言われて参りました。

それは大変ありがたいことなのですが、病院の食事をする時にも、誰かが一緒にきて、いろいろ話しかけるのでした。頭を使って一所懸命に英語を喋ろうとすることと、食べることは、両立しないことが分かりました。当然のことながら、頭を使っている時には、胃の活動は停止します。誰にも見つからないようにと、壁のほうを向いて食事をしたこともありましたが、やっぱり見つかってしまいました。日本人の留学生はまだ数えるほどしかいないころでした。

しかし、そのうちにニューヘイヴンの生活にもしだいに慣れてきました。ロング教授も休暇から帰ってこられて、新学期が始まりました。章が塩野義研究所で習ってきた外聴道から下垂体を摘出する方法に、ロング教授はことのほか興味をもたれて、教授を訪ねてくる著名な内分泌学者を研究室に連れてきては、章にデモンストレーションをさせました。正直のところあまり自信がなく冷汗ものでしたが、このためにも練習をくり返し、そのうちかなり自信もついてきました。

ある日、下垂体の機能は視床下部の神経内分泌因子が下垂体門脈系をたどって調整するのだと提唱した英国のハリス教授がやってきました。章の手術を見たあと、彼は自分でもやってみたいと言いだしました。彼は解剖学の教授で、下垂体門脈血管については彼の右に出る者はいないと言われていました。章の言ったとおりに針を動かしていって、最初の一回で成功しました。そのみごとさに章も驚嘆しました。

「この方法は急性実験では確かに非常に役に立つ方法だ。しかし下垂体の一片が残りやすいので、長期の実験では、残った一部の機能が回復するのが問題になるだろう」とハリス教授は批判しました。

それからしばらくたってギルマン教授がやってきました。章のデモのあと、彼もやってみたいと言いだしました。彼は生理学者です。何回やってもうまくゆきません。しだいにかんしゃくを起こしてきました。顔も真っ赤になって、とうとう器具を投げだしてしまいました。

その次にやってきたのは、スウェーデンのルフト教授でした。章のデモを見たあと、「なかなか興味深い方法だ。これは人間にも応用できるだろうか?」と質問して、自分では手を出そうともしませんでした。

一九七七年、ギルマンとシャリーがハリスの説を実証してノーベル生理学・医学賞をもらった時、ハリスはすでに亡くなっていました。そしてその時のノーベル賞選考委員長がルフト教授でした。ノーベル賞受賞のニュースを聞いた時、章はイェール大学の研究室を訪れた三人の学者たちのことを、思い出していました(『ミクロスコピア』1991.12)。

2 新婚生活

安上がりの結婚式

章が米国へ飛び立って一年後の一九五七年の夏、勝子は貨物船にゆられて太平洋を横断していました。小さい時に母親を亡くし、大学を卒業する直前に突然父親を亡くした勝子は、文字どおりひとりぼっちで日本で三、四回しか会っていない章と結婚するために、アメリカに向かっていたのです。パスポートにも、「結婚のため渡米」と記されていました。その時日本は少し豊かになって、一五ドル持ちだすことができましたが、それでも人影のまばらなロサンゼルスの波止場に降り立った勝子は、心細さに泣きたいほどでした。

幸い同船した日系一世の老婦人が、ロスの市内まで車で送ってくれ、そのうえ日本では味わったことのないような美味しいコーンに盛られたアイスクリームを買ってくれた時のありがたさと感動は、三九年以上たった今でも鮮明に思い出すことができるのです。勤めていた東京YWCAから紹介された人の家で休憩させてもらい、花嫁衣裳の入ったスーツケースを抱えて、ひとりニューヨーク行のプロペラ機に乗りこんだ時も、まだ不安と希望が交差していました。

イェール大学構内のハークネスタワーの下にある、小さなブランフォードチャペルで、私たちは文字どおりささやかな結婚式をあげました。ベストマン（新郎側の筆頭立会人）はダニエル・クライン助教授。モーツァルトのミサ曲が古風なパイプオルガンで奏でられるなかで、大学のチャプレン（教会に属さない聖職者）マーサー牧師の司会で式は行われました。

その前日、市役所で結婚手続をすませ、その後、牧師と打合せをしたのですが、牧師は式次第ばかりか、ファミリープランニングのことまで心配してくれるので、やはりアメリカの牧師は違うものだと感心してしまいました。

私たちは結婚式の全費用を百ドル以内であげなければなりませんでした。当日まず自分たちで新婚旅行に持っていくサンドイッチを作ってから花屋へ行き、白いバイブルに数輪の白バラがリボンで飾られた簡素な花束とカーネーションを買って会堂へ行きました。勝子が花を生けてから、章はブカブカの借タキシードに着替えて写真屋へ。写真屋は花嫁をベンチに座らせ、花婿にその後から花嫁を抱きかかえるポーズをとらせようとしますが、そんな格好は当時の日本男子には、まことに不自然なものでした。思ったとおり、できあがった写真もぶざまなので、人には見せないことにしています。

このような私たちをニューヘイヴンの友人たちがずいぶん助けてくれました。中でもイェールで長く日本語を教えておられた岡田みよ女史は、レセプションの準備いっさいを監督され、着いたばかりの勝子に米国の風習をいろいろ教えてくれました。数学の角谷静夫教授の夫人はベッドメイキングなどの米国式家事のやり方を指導してくれました。電気生理の研究をしていた牛山博士がアイスクリームやウェディングケーキを持って走り回っていた姿が、今もなお鮮明に脳裏に浮かびます。結婚式にはイェール大学に当時留学していた若い日本の学者たちが来て祝ってくれました。ヴァンダービルト大学の生化学教授の稲上正博士、京大ウイルス研助教授由良隆博士、東北大学の物理教授だった北垣敏男博士、阪大蛋白質研教授だった藤井節郎博士、東大の総長になった森亘博士などの留学生仲間で、今ではもう亡くなった人もいます。みんな貧しいけれど意気軒昂な若い留学生たちばかりでした。

私たちは、ニューヘイヴンの北の庶民的な地区にアパートを借りました。章を送りだすと何もすることがなかった勝子は、一日に二回も大家さんから電気掃除機を借りてきて家中の掃除をしました。日本では使ったことのない掃除機は、ゴミが瞬間的に吸い込まれて、三〇分もすれば、魔法のようにきれいになるのが面白かったものでした。

そのうち勝子もアメリカ生活になれ、集会で日本紹介をしたり、YWCAのボランティアとして青少年の指導をしたり、生け花を教えたりしました。やがて岡田女史の世話で、イェールで日本語を教えることになりました。対象は、米空軍の軍人とミッショナリー（伝道者）の人々でした。会話が中心ですが、初めてのクラスで生徒が足を机に上げて煙草を吸っているありさまに、勝子はびっくりしてしまいました。

勝子は時どき章の研究室へ弁当を持ってきて、そのまま、試験管洗いをしていましたが、やがて神経生理学のデルガード助教授と知り合い、彼の研究室で、サルの行動生理の研究を手伝うことになりました。サルの集団生態を連続的にとった映画を分析して、ボスザルや子分ザルの関係がボスザルの脳のある場所を電気刺激したり破壊したりした時どういうふうに変わっていくかを、グルーミングやマウンティングの回数などで記録するという仕事でした。デルガード博士はスペインからきた人でしたが、帰国後闘牛の脳に電極を植えこみ、彼は闘牛士に扮して、闘牛がまさに彼を攻撃しようとした時、リモートコントロールで電極へパルスを送って牛を鎮めたという記事を『タイム』誌上で読んだことがありました。

ニューオーリンズ行

イェール大学に来てから一年ほどした時、日本から一通の手紙が回送されてきました。差出人はハーバード大学のディングマン助教授でした。

アメリカ留学するため、いくつかの大学に願書を出したおり、ハーバード大学内科の著名な内分泌学者ソーン教授が、彼の所で下垂体後葉ホルモンの研究をしていたディングマン助教授を紹介してくださり、彼と一緒に後葉ホルモンの研究をやったらどうかということだったので、早速照会したことがありました。そのディングマン博士が、今度ニューオーリンズのチューレン大学内科の内分泌部長として赴任することになったが、一緒に仕事をしないかとの誘いの手紙でした。章はイェールにあと一年あまりいることにしたので、折角のお誘いだがお受けできないと返事したところ、その後でいいから来いということでした。そんなわけで一九五八年の夏、ニューヘイヴンからフォードの中古車であちこち見物しながら南に向かいました。

途中フィラデルフィアでペンシルバニア大学にいたマッカーン博士を訪ねました。彼はバソプレッシンがCRF（副腎皮質刺激ホルモン放出因子）であると主張した人です。彼のオフィスは動物小屋の中にありました。ここだけがエアコンがあって涼しいから、夏はオフィスとして絶好な場所だと笑っていました。今はオキシトシンの研究をやっているのだと言っていました。

オキシトシンは子宮の収縮を起こしたり、乳汁の分泌を促したりすることは分かっていましたが、男性では何をするのか、いつも疑問に思っていました。最近では愛情のホルモンとして脚光を浴びてきましたが、ある魚では塩水から淡水に移動するときに浸透圧の変化から身を守る大切なホルモンでもあります。バソプレッシンと同じように、人でもやはり腎臓の機能調節に関与しているのではないかと、常づね考えていました。マッカーン博士とはいろいろ勝手なことを言い合って楽しい一刻を涼しいネズミ小屋で過ごしました。また話が横にそれますがお許しください。

オキシトシンの水分代謝に対する影響について、文献をあさってみたところ、かなりよく調べられていることが分かりました。人では抗利尿作用の報告しか見当たりませんが、イヌなどほかの動物では、ときたま利尿作用のあることや前肢の血管の拡張をおこして血流を増すことなどが報告されていました。

チューレン大学でディングマン博士と仕事をするようになってからは、患者を診るようにも言われました。彼はボストン仕込みの優れた臨床医だったので、三年間いろいろ臨床のことを教えてもらい、これが後に研究だけに専念するようになっても、いろいろな点でたいへん役に立ちました。そのあいだ尿崩症の患者もずいぶん診ました。突発性尿崩症は視床下部のバソプレッシン分泌細胞の機能障害に原因するホルモン欠損症ですが、同じ後葉ホルモンであるオキシトシン欠損症も同様に存在してもいいはずではないか、おそらくその欠損症状は巧妙な生体の代償機構のために、はっきり見られない可能性もあるのでなかろうか、ということがいつも頭にありました。

ニューオーリンズで三年過ごした後、帰国して章は北大の生理の助手になりましたが、バソプレッシンの臨床研究をディングマン博士とやっていたというので、ある日内科からバソプレッシン分泌過多の疑いのある患者を紹介してきました。乏尿と下肢の浮腫と軽度の腎障害がありました。しかしバソプレッシン分泌過剰の証拠はありません。腎障害も軽度で、それだけでは乏尿を説明できません。もしや、と思いました。オキシトシン製剤のピトシンを注射してみました。大量の尿が出て、下肢の浮腫も一日でなくなりました。治療をやめると元に戻りました。合成品のシントシノンでも同様の効果が見られました。軽度の腎障害で代謝機能が低下した時、たまたまオキシトシン欠損症があったので、その腎作用がはっきり現れたのでなかろうかと思っています。その後、患者は東京に移りましたが、向こうの医者は何かの間違いでないかと言ってオキシトシンを注射してくれないと言ってきました。稀なケースだったのにフォローアップできなくて残念でした。

一路南へ

さて、また旅行に戻ります。フィラデルフィアからプリンストンの友人を訪ね、ヴァージニア州ワシントン郡を経て、眺めのいいブルーリッジマウンテンを通って南下を続けました。南に下るにつれて、周りの景色はだんだんと田舎らしくなってきました。緩やかな丘陵が後から後から現れて、下ったと思えば上り、上ったと思うとまた下るというくり返しのドライブを続けました。

そのころは、インターステート・ハイウェイ（州間高速道路）が完備してなくて、南方面と北方面行とが一車線ずつしかないハイウェイがほとんどでしたから、前に大きなトラックがいると、これを抜くのにとても苦労しました。一度下り坂になってので、思い切って前を走っていたトラックを追い抜いてまっしぐらに下りを疾走したところまでは良かったのですが、前輪が草の生えた路肩に乗り上げて、危うくハンドルをとられるところでした。後からは大きなトラックが轟音をたてて迫ってくるので、肝を冷やしたことでした。

合衆国というだけに州の一つ一つが国のように特徴があって、州境を越えるごとに周りの景色が一転していきました。そのうちにミシシッピ州に入り、草木の緑がいちだんと濃くなってきました。そして、とうとう目的地のルイジアナ州に入ったところ、樫の木の枝々にスパニッシュモス（サルオガセモドキ）がぶらさがり、急に異様な景色になって熱帯のある国に来たという気持になりました。いよいよ文化の果てに来たという感がありました。

ニューオーリンズの町には、東のほうから入ってゆきました。そのあたりには、わりに綺麗な家が並んでいたので、少し安心しましたが、フレンチクォーターに近づくと、真夏のほこりっぽい路上に黒人の男がしゃがみこんで、うつろな目でわれわれを眺めていました。正直なところ、ひどいところに来たとの感慨が強く、一年もここにいたら、日本に引き上げようと思いはじめました。

ニューオーリンズの夏

ブライタニア通りにあったロンドンホテルという安宿に一時落ち着いて、これから一年を過ごすアパート探しをすることにしました。ニューオーリンズの夏は今まで経験したこともないような猛烈な暑さでした。そのうえ湿度も飽和状態に近く、おまけにこの安宿にはエアコンがありません。扇風機が部屋に一つあるきりでした。扇風機を回すと、熱い風が来るだけです。体を動かさなくても汗が出てきます。

ふと名古屋の久野寧先生の話が思い浮かびました。先生は発汗生理の大家で、文化勲章をもらわれた方です。先生のところには、発汗異常の患者が時おり訪れてきます。当時、南方の戦線から帰国した人々のなかには、マラリアにかかっている人がかなりいましたが、そのなかにマラリアのために視床下部の発汗中枢を侵されて、汗の出なくなった人がいました。夏になると、ちょっと動いただけでも体温が上がって苦しくなります。発汗によって体熱の発散ができないからです。先生はその人に、下着を濡らして着なさいと教えました。章はそのことを思い出して、タオルを濡らして裸の体の上にのせ、それを扇風機に向けました。これはうまくいきました。ほてった体からしだいに熱が発散していって、ずいぶん気持が良くなってきました。

久野先生の汗の研究はアメリカでも高く評価されていました。章がディングマン博士と仕事をするためチューレン大学内科に入った時、そこの主任教授は心臓病の権威バーチ博士でした。バーチ博士はりっぱな臨床医であるとともに、優れた生理学者でもありました。皮膚の血液循環の研究をしていたこともあり、発汗の研究でも優れた業績を残した学者でした。大学の研修病院チャリティ病院にあった博士の研究室には、発汗量を測定するための人体天秤もありました。

伊藤先生にお聞きしたことですが、第二次大戦の時、久野教室も軍の要請で南方で戦っている兵隊の耐暑力に関係する発汗について、現地人と日本人の違いを調べていました。そのころアメリカでもバーチ博士が、米軍の要請で耐暑対策のため発汗の研究をしていました。久野先生は局所の発汗量をはかるため、皮膚にセルロイドのキャップをはりつけ、片方の口から乾燥空気を吹き込み、反対側の出口から出た湿気をふくんだ空気を塩化カルシウムの入ったU字管へ通し、その重量増加を測定時間中の発汗量としていました。久野先生のところには、敵国であった米国の専門誌もあるルートから届けられていたようですが、そのなかに久野式発汗測定法は正確ではない、空気中の水分を計るには、その空気をドライアイスで冷やしたチューブ内を通したほうがよいという論文があったので、伊藤助教授がさっそく検討することになったということでした。

その論文を書いたのが、実はバーチ博士でした。後になって伊藤先生がニューオーリンズに来られた時、バーチ教授と一緒にその話をしました。教授は久野先生のことをたいへん尊敬しておられて、内科の図書室には"*Physiology of Human Perspiration*", Yas Kuno のモノグラフ（単行本）も置いてありました。バーチ教授は三年ほど前に亡くなりましたが、亡くなる一月前まで学生を指導しておられ、章もずいぶんお世話になりました。

大学にディングマン博士を訪ねると、ファイトに満ちた精悍な顔つきの若い医者でしたが、きさくで近いうちに家族で休暇に出かけるから、そのあいだ留守番がてら家にきて住まないかと言いました。こちらも渡りに船とばかり、暑かったロンドンホテルを引き払って、湖のほとりにある瀟洒な、セントラルエアコンのある家に引っ越しました。快適な生活をしながら、市内の適当なアパートを物色しました。

ニューオーリンズは『欲望という名の電車』の舞台になった街ですが、その電車の通っている椰子の並木の美しいキャロルトン通りに、古い家のアパートを借りることにしました。この街には古くて大きな家が多いのですが、中をいくつかに仕切ってアパートにして貸している家がよくあります。エアコンはなかったので、真っ先に窓にとりつけるエアコンを買ってきました。ロンドンホテルの経験はくり返したくなかったからです。

サザーンホスピタリティ

間もなくニューヘイヴンから貨車で送った荷物が着いたというので、市内の貨物駅まで荷物をとりにいきました。その旨を告げると、その駅員は、私たちの車を近くまでもってこいと言うのです。彼は、中から荷物をかついできては、車の中にきれいに積んでくれました。荷物がトランクからはみだして蓋がしまりません。その駅員は、私たちにちょっと待ってくれと言って、中に入っていきましたが、間もなく綱を手にして出てくると、それでトランクの蓋を厳重に括って、さあ大丈夫だ、行ってもいいよと言うのでした。

ニューヘイヴンの駅では駅員がまったく事務的に荷物を受け取るだけで、なにも手伝ってくれなかったのですが、ここの駅員は、こちらが頼みもしないのに進んで荷物を積み、おまけに綱まで探してきて、トランクの蓋をとめてくれたのでした。私たちはこの駅員の親切に感激しました。心から礼を言うと、彼は「人に親切にすることがわれわれ南部人の誇りなのだ」と胸をはって笑いながら答えました。これがサザーンホスピタリティなんだと、私たちも心温まる思いで帰ってきました。

キャロルトン通りに見つけたアパートは、ベッドルーム一つにリビングキッチンがついた小さなものでした。リビングキッチンにドアがあり、その向こう側は隣りのアパートになっていて、ドアは釘づけになって、あかないようになっていました。

隣りにはティーンエイジャーの奥さんと学生との若夫婦が住んでいましたが、ある日、その奥さんが挨拶にやってきて、勝子に提案をしました。境のドアの釘を抜いて、お互いに自由に行き来できるようにしましょうよと言うのでした。勝子はそのころ妊娠していて、二か月もすれば最初の子供が生まれることになっていました。若奥さんのフェイは「子供ができたら私が手伝いに来てあげるから、そのとき便利でしょう」と言うのでした。

勝子はびっくり仰天しました。初めて会った隣人が一緒に住みましょうよと言うわけですから。日本人の感覚からして、たまげるのは当然でした。しかし、まだ子供らしい面影を残したフェイの無邪気な提案を断る気にもなれず、同意しました。

間もなく、勝子はお産のために入院しました。そのとき、章が大学から帰ってくると、部屋はきちんと片づいて、おまけに夕飯の支度までできていました。

勝子が赤ん坊をつれて退院してくると、フェイは掃除と料理にとどまらず、赤ん坊の湯浴みから洗濯、おむつの世話とめまぐるしく働いてくれました。こちらがびっくりするほどのボランティアワークです。私たちはいつの間にか家族のように親しくなっていました。

フェイ夫婦だけでなく、時々ホウマという近くの街から訪ねてくるフェイの両親とも身内のように親しくなり、彼らは私たちの子供を自分の孫のように可愛がってくれました。サザーンホスピタリティはこのように徹底していて、私たちは知らず知らずその心地よさにどっぷりとひたっていました（『ミクロスコピア』1992. 3）。

3 シャリー、ギルマン両博士との出会い

オックスナー病院で出産

最初の子供の出産は、母親にとって不安なものですが、外国での初めてのお産なので、勝子はかなり心配していました。ニューオーリンズに来た一九五八年の一〇月半ばのある夜、勝子は産気づき、痛みが三分おきに来たので、章は彼女を車で病院に連れていきました。

勝子の入院したオックスナー病院は、外国からも患者がやってくるという、アメリカでも十指に数えられる定評ある病院で、医師や看護婦の質はもとより、施設もすばらしいものでした。心配していた勝子は、親しみやすく親切なアメリカ人看護婦の扱いにホッとしたようすでし

た。ウィード博士によって、出産は全身麻酔のもとに無事すみましたので、勝子は子供が生まれたことさえ知りませんでした。

病室は二人部屋でしたが、カーテンで仕切られていて、窓からはとうとうと流れるミシシッピ川が眺められます。病院の食事は高級レストラン級で、勝子は毎食メニューを選ぶのを楽しみ、それに午後三時と夜一〇時にはジュースまで出ると嬉しそうでした。看護婦は新生児に、まるで一人前の人間に話しかけているように、楽しそうに冗談を飛ばしているのも、日本とはかなり違うように思えました。

床離れも、当時日本では考えられなかったほど早く、出産の翌日からシャワーが許されましたが、そのシャワーも、水とお湯が自動的に交互に出て、皮膚を気持よく刺激しました。産後のエクササイズは担当の看護婦が個人指導してくれました。そして三日目には退院となります。これほど至れり尽くせりの楽しい病院生活に別れを告げるのは、名残惜しいような気持だったので、「こんないいお医者さまと素敵な病院があれば、またすぐにでも帰ってきたい」と言っていた勝子でしたが、その望みどおり、一五か月後、彼女は再びこの病院に次男出産のため戻ってきました。

隣人たちに助けられて

キャロルトン通りのアパートに帰ってくると、すべてが現実に戻りました。夜泣きの赤ん坊の世話、慣れない授乳、湯浴みと、忙しい毎日が続きましたが、先にお話したよき隣人、フェイ夫人の献身的な世話のおかげで、新米の親は何とか育児をこなしていきました。

やがて、かねてから申し込んであった、クレーボーン通りの大学の新しいアパートができあがり、その六階へ引っ越しました。既婚の学生や職員のためのこのアパートには、私たちと同じ年代の家族がたくさん住んでいました。ほとんどが子持ちですから、ベビーシッターをし合ったり、向こう三軒両隣り、助けられたり助けたり、昔の歌の文句そのものの、気のおけない生活が始まりました。

「トントン、ちょっとニンジン二本貸してくださらない?」といった按配です。時どき遊びにいくと、台所の流しで赤ちゃんの湯浴みをしていたり、トイレに手をつっこんでおむつを洗ったりしているので、びっくりしたこともありました。アパートの庭の小さな運動場に、ぶらんこや砂場があって、日中は子供を遊ばせたり、ひなたぼっこをしながら編物したり、読書する母親と子供でにぎわいます。勝子もここで育児の話などして、しだいに友達が増え、数年後には旅行のさい、子供を預かってもらったりしました。

長男が三か月になった時、勝子は章と同じ研究室で働きはじめたので、子供を朝、大学近くの育児所へ連れていき、夕方連れに帰りました。ところが育児所の設備が悪いばかりか、子供の扱いが乱暴なので、次男の出産後はお手伝いさんを雇うことにしました。南部は古くから黒人のメイドを使っていましたから、今でも親子数代にわたって、同じ家に仕えているメイドがいます。このような主人とメイドの関係は、同じ家に住んで、まるで肉親のように労《いたわ》りあっているように見受けられました。当時はまだ人種差別があって、黒人とはあまり交際のなかった私たちも、幸い向こう隣りに、優しそうな中年の黒人で、通いのメイドが来ていたので、その人を紹介してもらいました。

ベッシーというこのメイドは、子供の世話ばかりか、掃除・洗濯から食事の支度までやってくれました。バプテスト教会の聖歌隊に属していたベッシーは、美しい声でハミングしながら、もの静かに急がず、優しく子供の世話をしてくれるのでした。毎日帰宅後、ベッシーを彼女の家まで車で送っていくのは、章の仕事でした。初めは彼女の匂いになじめず、強烈な体臭が数日間車の中に充満しているのには、少々閉口しましたが、ベッシーは本当に理想的なメイドで、一九六一年、私たちが帰国するまで働いてくれました。

チューレン大学婦人会――ビンクリー夫人

ニューオーリンズに来て間もなく、勝子はチューレン大学婦人会に入会しました。婦人会は大学の職員や、その夫人たちの集まりで、読書、料理、テニス、園芸、フランス語など、一〇ばかりの小さなグループがあって、月一回とか週一回とか集まって、社交を兼ねたいろいろな活動をしていました。後にはローンクローゼットと呼ばれるグループができて、外国人留学生のために、古い家具をあつめ貸し出す世話をしていました。私たちの研究員でこの世話になった人も少なくありません。勝子はガーデンクラブに属し、アメリカのフラワーデザインを習うかたわら、生け花を披露したり指導したりして、交友を拡げていきました。

当時のガーデンクラブ会長ビンクリー夫人は、七〇歳ばかりの白髪の美しい、歴史学教授の奥様でした。彼女は勝子を娘のようにかわいがり、大学のアパートに移った時、何の準備もない私たちのために、古い家具を直したり、ペンキを塗ったり、いろいろ親切に助けてくださいました。思えばこれが、ローンクローゼットの始めだったのかもしれません。

一九六五年、二度目の渡米の時、ビンクリー夫人のガーデンクラブ会員は、「有村一家歓迎」をプロジェクトにしました。チューレン大学所有の貸家を借り受け、部屋のペンキを塗り、カーテンを縫い、大掃除をし、いらなくなった家具、寝具、タオル類などを持ち寄り、食器や食料まで用意し、各部屋を花で飾って、私たち一家を歓迎してくれたのです。おかげで私たちは、日本から着いたその日から、何の不自由もなく生活を始めることができました。引出しにはお箸が、冷蔵庫には子供たちのためにおいしいゼリーが用意されていて、国境を越えたこの友情の温かさに、私たちは胸が熱くなるのでした。

ご主人のビンクリー教授は、セミナーで学生が質問すると、「その本棚の右から何番目の何頁に答えがあるから読んでごらん」と答えられたというエピソードの持主です。しかし家事はいっさい夫人任せですから、いつかすきやきをご馳走した時も、教授が卵を夫人に割ってもらっておられるので、びっくりしました。それでも私どもが夫人と大工仕事をしていると、よくやって来て「手伝いましょうか」と親切に声をかけてくれるのでした。

ビンクリーさんのお宅は、インテリアがアーリーアメリカンで、住む方の雰囲気と似た居心地のいい家でした。夫人はよく勝子に室内装飾の仕方を実地に教えてくれました。額の掛け方、家具の置き方は一インチもゆるがせにせず、満足な位置にくるまで、何度でもやり直させるのには、勝子もいささか閉口しながら、頭が下がると言っていました。育児からパンの作り方など、家事いっさいこの調子です。ある時は、子供たちにおいしいクッキーを焼いてくださいましたが、お年寄りが朝の二時まで台所で働いたと聞き、びっくりしました。

このように世のため、人のために働き続ける彼女を、皆は「MOM B（マンビー）」（お母さんの働き蜂、BはBinkleyのB）と呼んで慕っていました。彼女はまた、さりげない冗談が上手でした。ある時、もとあったところに物を取りに行って見つからず、置き換えた場所を思い出されて、「あら勘違い」と笑われました。ある時はお宅で誰かが頭痛を訴えました。お薬を探しておられたビンクリー夫人は、「これは、役に立つかしら」と真顔で歯磨をもってこられました。彼女の家には、お薬がなかったのです。これが長生きの秘訣かもしれないと、章はその時思いました。

ビンクリー夫人は七三歳の時、お嬢さまと二人で、一時帰国中の私たちを、札幌の小さな借家に訪ね、勝子や子供たちを慰安旅行として定山渓に連れていってくださいました。ご主人が亡くなってから、初めて自分の家を買われ、体がきかなくなるまでずっと一人暮しをしておられました。

四、五年前、健康が優れないと聞き、週末、アーカンソーの老人ホームへ、夫婦でお見舞いにうかがいました。九五、六歳になっておられた彼女は、前日洗髪されたらしい美しい白髪をきれいに梳《くしけず》り、ベッドに座って私たちを迎えてくれました。骨粗鬆症のため大腿骨骨折された後で、章に手術のあとを診てくれないかと言われましたが、長い間病床にありながら清潔で、病人の匂いひとつせず、かえって、見舞った私たちのことを気づかってくれるのでした。章はふと日本の侍の妻を思い浮かべました。ビンクリー夫人は一昨年、九九歳で亡くなりました。彼女の人生哲学は、"Shine the corner."だと言われ、米国婦人によくある、自己主張一辺倒のself-confident stupid women（あるアメリカの友人の言葉）とはまるで違った、謙虚でしかも筋が通って地についた生き方を教えてくださったのです。

がんにかかったアメリカの友人たち

ガーデンクラブ会員のなかに、後に医学部総長となられたウォルシュ博士の奥様がいました。彼女も私たちのアパートに寄付してくれた方の一人ですが、がんと診断されてから、亡くなる直前まで、くり返し受けた放射線治療で黒くなった顔に微笑を絶やさず、最後のクリスマスには友への感謝を込めて、ご自分で飾りつけた自宅に友人を招待されました。この前向きの生き方には頭が下がりました。夫人は若いころからガールスカウトや教会で活躍されてきましたが、チューレン婦人会会長候補になった矢先、亡くなりました。

北大のクラーク博士をご存知の方は多いと思いますが、チューレン大学の考古学教授で、クラーク先生のひ孫にあたるフィッシャー博士という方がおられました。この方の奥様もまた、社会学の先生をしておられましたが、がんをわずらいあと幾ばくもないと聞いて、イースターの間近いある日、勝子はイースターリリーを持ってお宅へ見舞に行きました。奥様は床の上に所狭しと本を置いて、長椅子に横になっておられました。目は力なく、それでも勝子に笑いかけながら、「有村先生のご研究でがんを治すことはできないでしょうか。私の生きている間は、無理でしょうけれど、いつか、それができるようになることを祈りますとお伝えください」と言われました。ご自分のことより、「この世界には問題が山積しています。何とか、これを解決していかねばなりません」と弱々しい声できっぱりとおっしゃいました。

奥様の訃報を耳にしたのは、それから一週間ほどしてからでした。

整形外科のヴィックストロム教授もがんでした。手術も何度か受けたのですが、転移がひろがっていき、それでもなお、大学で学生やレジデントの教育や、患者の診療を続けていました。ある時、エレベーターの前でお会いすると、左の鎖骨のところを指さしながら、章に向かって「とうとうここに来たよ」と淡々と言われました。

章は何と答えたらいいのか、言葉につまってしまいました。折から章は、滑液包炎(四十肩)を起こして、腕が回らなくなっていました。

教授はすでに体が弱って、大学にもあまり出てこられなかったのですが、家で診てやるから、来いと言うのです。お宅にあがると、「こういう運動をやればいいよ」と椅子につかまって、自ら運動の手本を実際にやって見せてくれました。生きている間は、人のためになろうという決意は、がんにかかった多くのアメリカの友人から感じられました。

糖尿病専門医のライアン教授は、脳腫瘍で亡くなりました。亡くなる少し前、勝子が（日米協力生物医学）研究所の茶室でお点前をしてお茶をさしあげましたが、その時、「このような静寂こそ、私が今求めていたものだ」と、心から嬉しそうに話されました。翌日、教授は再び研究所の茶室を訪れました。勝子のお茶の話を感慨深げに聞いているライアン教授を見て、彼はふつうの日本人よりお茶の心がわかるのではないかと思いました。

勝子は生け花を教えていましたが、生徒の一人、ヤング夫人もがんに冒されていました。彼女はアップタウンに住むチューレーン大学理事の奥様で、上品な美しい方でした。入院して、レッスンが受けられなくなったので、勝子は花を持って病院を訪ね、病室で生け花を教えました。すでに脊椎を冒され、座ることもできなくなった彼女でしたが、笑顔で勝子を迎え、生け花のレッスンをみるようにと、病室に看護婦をも招きました。勝子のレッスンを一所懸命受け、質問し、来週を楽しみに、宿題をもらって勉強しようとしている姿に、勝子は感激しました。

ヤング夫人はその後間もなく亡くなりました。勝子が次回の生け花レッスンの準備をしている時でした。

チューレン大学内分泌部——ディングマン博士

チューレン大学医学部は、ニューオーリンズのダウンタウンにあります。隣りがルイジアナ州立チャリティ病院で、その向こう隣りにルイジアナ州立大学の医学部があって、このチャリティ病院を両大学が研修病院として使っていました。

章の属していたチューレン大学の内分泌部長・ディングマン博士は、自他ともに認める優秀な臨床家で、週二回の一般内科の外来と、一回の内分泌外来、それに週一回の糖尿病外来に、章も駆り出されました。

ベッド数三五〇〇以上もあるチャリティ病院は、当時全米でも有数の大病院で、二大学のサービスだけでは手がまわりかねていました。章たちは外来患者を診るだけでなく、各科から入院患者についての相談もあるため、病院の各階上下を走るようにして患者を診て回りました。

当時ルイジアナ州では白人と黒人の差別が厳しく、病院の東ウィングはカラーディスペンサリー（診療所）、西ウィングはホワイトディスペンサリーとはっきり分かれ、トイレや水飲場も「ホワイトオンリー」と記されていました。

これが州の法律ですから、仮に白人の男の子と黒人の女の子がデートしても、警官にとがめられました。チューレン大学本部のあるセントチャールス通りには、古い電車が走っていますが、車の前半分は白人、後は黒人用となっていて、真ん中はチェインで仕切られていました。

週二回の内科外来も、一回は白人、一回は黒人というように分かれていて、カルテも白人のは白、黒人のはピンク色でした。しかし、内分泌と糖尿病外来は患者が少ないので、白人と黒人が一緒でした。黒人といっても白人との混血がかなりありますから、程度によって外観がまるで違います。

ある時、内分泌外来で、すばらしい美人の女の子を診察することになりました。皮膚も白かったので、てっきり白人と思っていたのですが、カルテを見るとピンク色です。不思議な気持が交錯しました。黒人の中には名前を書けないどころか、自分の歳も知らない人がたくさんいました。名前を尋ねると「ジョージ・ワシントン」とか「エイブラハム・リンカーン」ですが、歳を尋ねると、「知らない」のだそうです。

チューレンに来るまで章はしばらく臨床から離れていたので、初めのうちは自信がなく、患者を診ることはかなりのストレスでした。その上、南部とくに黒人の英語がよく聞き取れません。加えて白人でも、昔カナダからこの地に渡ったケイジャンの人々の中には、フランス語、それもケイジャンフランス語しか話せない年寄りがいて、その人々はよく通訳として孫を連れてきました。このような中で、ディングマン博士は親切に臨床、とくに臨床内分泌の手ほどきをしてくれましたし、患者の数も種類も豊富だったので、その後基礎研究に専念するようになってからも、この三年間の臨床経験がたいへん役に立ちました。

当時の内科の聖書であった“*Principle of Internal Medicine*”の下垂体後葉の項は、ハーバード大学の内科教授ソーン博士とディングマン博士が執筆していました。バソプレッシン分泌低下を疑う患者には、そのテストとしてニコチンを注射して、尿の濃縮機能を調べていましたが、このテストは同僚のフェロー、ガイタン博士（現ミシシッピ大学内科教授）と章の仕事でした。患者が吐気を覚えるほどニコチンを注射するので、患者には気の毒なテストでした。

自由水クリアランスの測定やその他の腎機能測定のために、勝子も技術員《テクニシャン》として、研究室で患者の尿の浸透圧を計っていました。そのころ、ディングマン博士は十分な研究費がなかったのでしょう、測定器が安物で、使い方にちょっとしたこつが必要でした。勝子はそのこつを覚えて、スピーディにサンプルをこなしていったので、ディングマン博士は大喜びでした。

シャリー、ギルマン両博士との出会い

研究室は、医学部の建物の八階にありました。そのころ、グラスファイバークロマトグラフィがステロイドの分離に使われるようになりましたが、章はこれを使って血液中のバソプ

レッシンを測定しようとしていました。まだラジオイムノアッセイ（放射免疫測定）が知られていないころですから、最終的にはバイオアッセイ（生物検定）に頼る以外ありませんでした。幸いにも放射性ヨードは入手できたので、バソプレッシンをこれで標識して、血液からの分離のマーカーとして使いました。ラット視床下部中のACTH分泌促進活性が、グラスファイバークロマトグラフィでバソプレッシンと分離できないというので、ディングマン博士もバソプレッシンがCRFではないかと思っていました。前述のように、バソプレッシンがCRFだと主張していたのはマッカーン博士でしたが、そのころヒューストンのベイラー大学では、ギルマン、シャリー両博士が、バソプレッシンとは異なるCRFの存在を報告して、その分離精製を行っていました。一九六〇年の夏、マイアミで開かれた内分泌学会に出席の帰路、章は偶然、シャリー博士と一緒の飛行機に乗り合わせました。彼は、章がそのころやっていたグラスファイバークロマトグラフィに強い興味を示し、熱心にその方法を尋ねました。一度、話がCRFのことにふれると、彼はバソプレッシンは絶対にCRFではないと、熱烈な口調で主張しました。

ヒューストンのベイラー大学生理学教授をしていたギルマン博士は、イェール時代から知っていたので、ニューオーリンズから車で博士を訪ねて行ったことがあります。ギルマン博士は見るからにヨーロッパ風大学教授といった感じで、いつも洒落た身なりをしていました。章が訪ねて行ったのは、ちょうど生理の学生実習が終わった時で、一人の学生が一度しかテストしていないラットをすぐ殺したというので、しつこく叱っていました。章にちょっと待ってくれと言って、それからなお五分ばかり、学生をとことん叱りつけているので、こちらのほうが当惑するほどでした。

ギルマン博士と面会の後、章はシャリー博士を研究室に訪ねました。彼は血走った目をして、カラム電気泳動の前に座っていました。もう二日間も寝ないでCRFの分離をやっているのだと言いました。そのようすは、疲れて泥だらけになったイヌが、なおも懸命に獲物を追いかけているさまを彷彿とさせました。ギルマン博士に会った直後、シャリー博士のこんな姿を見て、彼に対する同情が沸いてきました。そしていつか彼を助けて一緒に研究している自分を想像していました。こんな章の気持を彼も感じていたのか、数年後、彼がギルマン博士と仲違いをしてベイラーを離れ、ニューオーリンズのVA（在郷軍人）病院とチューレーン大学の共同でできたペプチド研究所に移った時、すでに日本に帰っていた章に、一緒にやろうと声をかけてきたのでした（『ミクロスコピア』1992.6）。

4 シャリー博士のもとでLHRHの構造解明

帰国——札幌へ

ディングマン博士は有能な臨床家でしたが、自信があり過ぎたのか、内科主任バーチ教授と折り合いが悪くなって、ふたたびボストンに帰ることになりました。彼は盛んに章に一緒にボストンへ行こうと誘いましたが、バーチ教授は、行かないほうがいいよと言います。私たちの滞米も五年になり、ビザをこれ以上更新するのも難しかったので帰国を決心し、一九六一年夏、二人の幼い男の子を連れて、五年ぶりに日本に帰ってきました。

当初、章は名古屋大学の第一内科教室に帰るつもりでしたが、お世話になった伊藤助教授が北大生理学の教授になられ、お誘いを受けたので、北大生理学教室助手として、札幌に行くことにしました。給料は一度に十分の一に減りましたが、米国でためた貯金を食いつぶしながら、そのうち何とかなるだろうと思っていました。

東京と違って広々した札幌は、アメリカ帰りの私たちにもあまり違和感がありませんでした。その上、大学では伊藤先生が自由に研究をさせてくださるし、教室には威勢のいい大学院の学生たちがたくさんいて、週に一度は早朝から内科と合同でセミナーを開いて、研究者としては快適で充実した生活が始まりました。先にお話ししたオキシトシン欠乏を疑われる患者がきたのもそのころで、内科からきていた沢野真二君（現・虎の門病院の内分泌医）と一緒にいろいろ検討したものです。

一方アメリカで便利な生活に慣れた勝子には、札幌の生活は楽ではありません。北34条の借家にはまだ水道がなく、手押しポンプで井戸から水を汲み上げねばなりません。子供たちのおむつを洗うために、電気洗濯機を買ったところまでは良かったのですが、毎日洗濯機と水汲み競争になって、勝子はとうとう肩を痛めてしまいました。

やがて冬がやってきました。寒冷地手当で買った石炭を、吹雪の中でストーブに運び、まわりでおむつを乾かすのも、勝子の仕事でした。ピーッと勢いよく鳴っていたアメリカ製のステンレスのやかんは、日本のプロパンガスのコンロでは音も出ません。お風呂のない家でしたから、近くの大学村銭湯をつかいました。日本の熱い風呂に入ったことのないアメリカ生まれの子供たちは、大声で泣きわめいて、どうしても銭湯へは入りません。

当時勝子の最大の関心事は、限られた助手の給料で、いかに家族の健康を維持するかということでした。札幌のミルクは、さすがに豊潤でした。幼い子供たちは、毎日配達される牛乳を、牛乳箱から宝物のように大事に抱えてきました。勝子は子供たちに飲ませた牛乳の空瓶を水で洗い、洗い汁をスープに入れました。一箱百匹ほどもある「ホッケ」を卸値で仕入れてきては、当時一緒に暮らしていた章の母（清子）と一緒に片っ端から下ろし、塩漬けにして蛋白源を確保しました。こうして今日はてんぷら、明日は焼き物、次は煮物と「ホッケ」料理が続きました。朝のみそ汁に使っただし雑魚は、細かく切られて、マヨネーズ和え、昼のサンドイッチの中身になりました。

大学の生活は充実していましたが、家族の生活をみると章は考え込まざるを得なくなってきました。

「あなたのこんな生き方は間違ってるんじゃない？」と母も章の反省を求めました。そんなわけで章も、日本に留まるなら臨床家に戻って一家の主人としての責任を果たそう、研究をやるなら、またアメリカへ渡ろうと考えはじめました。

シャリー博士からの招請

ある日、アメリカから一通の手紙がとどきました。シャリー博士からです。「今度ベイラーをやめてチューレン大学とVA（在郷軍人）病院共同で新しく創られた内分泌ペプチド研究施設の主任として、ニューオーリンズへ移ることになった。ここで、ギルマンたちに対抗して、LHRH（Luteinizing Hormone Releasing Hormone：黄体化ホルモン放出ホルモン）、TRH（Thyrotropin Releasing Hormone：甲状腺刺激ホルモン放出ホルモン）、などの視床下部性向下垂体ホルモンの単離解明をやりたい。ついては、自分が化学部門を引き受けるから、君が生理部門を引き受けてくれないか。責任は半分半分だ。化学関係のペーパーでは自分がfirst author（筆頭著者）になるが、生理関係の仕事では、君がfirst authorになるのだ。彼らに勝つために、自分には今、有能な生理学者が必要なのだ。ぜひこの招聘を受けてくれ」。

再渡米を考えていた章は、ギルマン博士の研究室にポジションがないか、問い合わせたことがありました。そのころギルマン博士は、フランスの内分泌学会の泰斗キュリエー教授から招聘され、パリにいました。しかしベイラー大学の生理主任教授は、ギルマン博士に、ベイラーでも研究を続けるよう要請したため、彼はパリから指令を出し、実際の仕事はシャリー博士がやっていました。そんなわけで、章のギルマン博士宛の手紙も、シャリー博士が目を通していたらしく、章の再渡米の気持を知っていたようすでした。

シャリー博士とギルマン博士の確執については、『ノーベル賞の決闘』（岩波同時代ライブラリー1992；『ノーベル賞ゲーム』同上1998）にも詳しく書かれており、章も『神経精神薬理』という雑誌に書いたことがありますが（第3部2参照）、私たちの再渡米とその後の生活にふれるとなると、ある程度の背景がいるので、重複を承知でお話しすることをお許しください。

シャリー博士はニューオーリンズへ移るまでは、パリのギルマン博士と連絡をとりながらCRFの分離を続けていました。彼らはCRFの分離に自信をもっていたようすで、成功の暁の功績《クレジット》の分け方が関心事だったギルマン博士は、表面はともかく、シャリー博士を一段下級の同僚と見ていたようで、態度にもそのことが現れていました。CRFの研究でも、シャリー博士が以前から手がけていたβ-CRFと、ギルマン博士が化学者ハーンと分離したα-CRFがあって、α-CRFのほうが見込みがあるから、これの精製に重点を置くべきだと、ギルマン博士が主張するのを、一徹なシャリー博士が受け入れるわけはありません。二人の間には、すでに紛争の種が蒔かれていました。

チューレン大学でシャリー博士を招聘しようと働いたのは、ディングマン博士の後任、バワーズ博士とバーチ主任教授でしたが、その時パリにいて、ジュティス博士とTRHやLHRHの仕事を始めて好調に進んでいたギルマン博士は、シャリー博士を格別ベイラーに引き止めようともせず、「シャリーのニューオーリンズ行きを祝福してやった」と洩らしています。

しかし、後でシャリー博士は章に向かって、「ベイラーを去る時、ギルマンは私に向かって、化学者の君が独り立ちで内分泌の仕事ができるものかと、侮辱したんだ」と感情をむき出しにして、話したことがありました。

シャリー博士にしてみれば、ニューオーリンズに移った後、一日も早く研究体制を整備して、ギルマンチームに対抗しようとしたのは、当然でした。それには、彼の片腕となる生理学者が必要だったわけです。それからは、早く来いとの矢のような催促です。その時の研究の進み具合が頻々と送られてきました。

しかし章も、自分自身や家族のためにも、再渡米するからには本腰を据える必要がありました。それにはまず、アメリカでの永住権をとらねばならないと思いました。ところが当時、アジア人に対する移民割当は少なく、学者には優先権があったものの、私たちの順番はなかなかやってきません。いつグリーンカードがもらえるのか、まったく予測がつかない状態でした。

シャリー博士の気持も痛いほど分かるので、とりあえず自分のところにいる身軽な若い優秀な研究者にひとまずニューオーリンズへ行ってもらって、シャリー博士を助けさせようと考えました。章の話を聞いた大学院学生、石田祐一、黒島晨凡両君は、まだ学位取得前でしたが、早速渡米を承知してくれました。石田君は独身でしたが、黒島君はかわいい奥さんと結婚して幼い女の子が一人いました。章は札幌駅まで彼らを見送りに行きました。黒島君の奥さんも、女の子を抱いて見送りにきていました。列車が動き出すと、黒島君はデッキから身を乗り出して、「かずえ、かずえ」と大声で手を振っていました。かわいそうなことをしたと、この光景はその後いつまでも脳裏に留まり、申し訳ない気持で胸が痛みました。今では石田君は札幌の著名な内分泌医であり、黒島君は旭川医大生理学教授で、それぞれ活躍されていることは、たいへん嬉しいことであります。

「パロール」——ようやく出獄！

札幌の生活も三年になりましたが、永住ビザはまだもらえません。子供はアメリカ国籍があるので、その登録などの用事もあって、よく米国領事館に行きましたので、そこの若い領事と親しくなりました。章の事情を知ったその領事は同情して、東京へ出た時会った国務省の高官に、章のことを相談してくれました。その高官は、章の研究が本当に米国に必要であると国防省が言えば、国務省は特別の入国許可を与えることができることを教えてくれたというので、その領事は章にチューレン大学を通して国防省へ話すよう勧めてくれました。

それで早速シャリー博士へこのことを書き送ったのですが、それから間もなくして国務省から一通の手紙が届きました。

「このたび、貴殿にたいし、特別のパロールの許可を与えるから、できるだけ早く渡米して、チューレン大学・VAの研究チームに参加するように。ビザの代わりにこの手紙を所持すれば、入国に問題はない」。

パロールというのは、辞書を引いてみると、仮出獄と書いてあります。アメリカは日本を牢獄と思っているのかと腹が立ちましたが、別の意味もあるのかもしれないと思い直しました。

それからは雪の中で、そのころようやく使われだしたコンテナ輸送用の大きな箱に、机や椅子から、勝子が高校の時に使っていた本箱まで詰め込み、てんてこまいの渡米支度が始まりました。一九六四年のクリスマスは引越しの荷物の中で祝いました。

伊藤眞次先生が教室の諸兄と送別の宴を、市内のレストランで開いてくださいました。先生は章に過大の期待をかけられたようでした。

「有村君がシャリーを助けることになれば、シャリーはいつかノーベル賞をもらえるかもしれない」とその席上で言われたのが、なお耳に残っています。いつかベイラーの研究室で見た二日間徹夜でカラム電気泳動に取組んでいたシャリー博士の姿を想い、ノーベル賞はともかく、生理関係の仕事はどの研究室にも負けないようにしようと、自分自身に言い聞かせました。

一九六五年二月、章と勝子は幼稚園に通うようになった子供たちを連れて、雪の札幌のターミナルで大勢の友人たちに見送られて、日本をあとにしました。

再びニューオーリンズへ

紺碧の海のなかに、やがてハワイの島が見えてきました。まもなく私たちの乗った機は、無事に着陸しました。入国ビザを持たない私たちは、一般旅客とは別の部屋に連れて行かれました。入国管理の役人はとても親切で、子供たちにはアイスクリームをサービスしてくれるやら、こちらが黙って座っている間にすべての手続は終り、税関の検査もありません。国務省の手紙の威力で、私たちは特別待遇をうけ、無事にホテルに落ち着くことができました。子供たちも疲れていました。入国管理の役人からせっかくもらったアイスクリームも、食べている途中で吐いてしまいました。ハワイで二日間休んだ私たちは、旅の疲れを払い落とし、機を乗り継いでニューオーリンズに到着したのは、二月二七日の肌寒い日でした。空港には石田、黒島両君と、勝子が以前親しくしていたオーカー夫人（ご主人はチューレン大学陸上競技のコーチ）が、迎えにきてくれていました。

夫人の運転する大きな車で、彼女の家に連れて行ってくれました。椿の咲く広い庭に面したこぎれいで広々とした二部屋を、私たち家族に提供してくれました。ストーブはないのに、部屋の中は暖かです。早速汚れ物を洗濯させてもらいました。日本の洗濯機なら何回分かの衣類が一度に洗えて、シャツなどは目が覚めるように白くなりました。家族全員で食べられそうな大きな牛肉が、一人のお皿に載っています。当時の日本の生活に比べると、そのころのアメリカの生活は、比較にならないほど豊かでした。翌日、私たちは以前お話しした、勝子の友人の大学婦人会の人々が準備してくれていた大学の借家へ移りました。

チューレン大学のメインキャンパスは住宅街にありますが、大学はこのあたりの住宅をたくさん買い取って、これを大学職員に貸しています、私たちの借りた家はショットガンハウスと言って、部屋が前から後まで真っ直ぐにつながっていました。同じ屋根の下の隣りにも同じような部屋があって、そこにはやはり大学の陸上競技のコーチの家族が住んでいました。ニューオーリンズ市はほとんどが海面下にあるので、家が建てられる土地が少なく、昔からできるだけ土地を倹約して建てられる経済的な家として、ショットガンハウスが普及しました。正面から鉄砲で打つと、弾がすべての部屋を通って突き抜けるというので、このように呼ばれるのだそうです。すでにオースチンに移っておられたビンクリー夫人が、遠くから采配を振って、大学婦人会の有志の献身と友情で用意されたこの家で、その日から何不自由なく生活を始めることができました。

シャリー研究チームへの参加

章は早速シャリー博士に会いに行きました。彼はちょうどVA病院の本館にあった研究室から、レジテント用の二階建ての宿舎を改造した新しい研究室へ移転する途中で、デリケートな機械の運搬の監督に神経を尖らしていました。章は遠い所からはるばるやってきたそぶりも見せず、彼もまたそんなことは言いもせず、もう長い間一緒に仕事をしてきたように、きわめて事務的な打合せを済ませました。ただ私たちの渡米許可をとるために、彼が国防省に事情を説明したてんまつを話してくれました。

札幌からの連絡を受け取った彼は、ただちに大学の国際事務所に話して、国防省へ、章がVAとチューレンが行っている研究に至急必要であることを伝えるように、依頼しました。翌日ペンタゴンからシャリー博士のところへ電話がかかり、章のやろうとしている仕事が、どのように米国の国防に必要なのかと聞いてきました。

「われわれは、今排卵ホルモンの分泌をひきおこす脳のホルモンLHRHの分離、精製、構造決定をしようとしている。これらの過程において、その生物活性の検定法をつくりあげ、その方法を用いてLHRHの活性を精製の過程で的確にスクリーンすることが必要であるが、そのために有村博士が必要なのだ。その結果LHRHが解明されれば、これを化学的に合成できるし、そのアンタゴニスト（拮抗物質）をつくることもできる。これによって排卵を抑え、人口調節を行うこともできよう。米国が中国の膨大な人口を心配するならば、この物質を飛行機で中国全土にまき散らせばよい。中国の女性はみな不妊となって、ひいてはその人口が米国の脅威にならなくなるだろう」。

その時から一〇年前、朝鮮戦争で米軍を中心とする国際連合軍が、中国の人海戦術の前に、今にもついえそうになった恐怖は、なおペンタゴンに色濃く残っていたにちがいない、とシャリー博士は話してくれました。もっとも、ペンタゴンがシャリー博士の話をどれだけ本気で受け取ったか、私たちの知るところではありません。とにかく国防省の要請で、国務省から「パロール」の指令紙が札幌に送られたわけでした。

これには後日談があります。一九七一年、私たちのチームは、LHRHの構造決定に成功しました。LHRHは臨床上、不妊を治癒させようという試みでは、あまり成功せず、この投与を長く続けると、むしろ性腺機能を抑制することが分かってきました。効果的なアンタゴニストが開発される前に、LHRHそのものが、人口調節に使える可能性が考えられはじめました。人口増加に悩んでいる中国は、上海の生化学研究所で、世界最初にインシュリン合成に成功した化学者チームの一人、麟俊葛博士を私たちの研究所に送り込み、LHRHとそのアンタゴニストによる人口調節法の開発に当たらせることになったのでした(『ミクロスコピア』1992.12)。

第2部

研究ざんまい・暮らしざんまい

有村勝子

about 1957
New Haven Times紙に
Ikebana masterと報じられた勝子

1 めぐり会い

不思議な縁

　私たちが友人の仲立ちで初めて出会ったのは一九五六年春であった。当時、章は名古屋大学医学部内科で生理学の研究に従事していたが、その夏には米国留学が決まっていた。米国へ行けば数年は日本へ帰るまい、できることならその前に嫁を決めておくのがよかろうと、周りの者も心を砕いて嫁探しをしていた。

　年頃の勝子には、父の生前から縁談があった。勝子が大学を卒業する年のお正月に亡くなった父は、相手に医者を薦めていた。病院を建ててやれば一生生活は保証されると考えていたのだ。大学を卒業したばかりの勝子は、幾つかの縁談のうち最後二つに選択を迫られた。一つは母親代わりのとく伯母や知人が進めた日本の裕福な生活であり、今一つは学友の紹介による財産なし病気上がりでこれから米国へ留学する学者の卵であった。

章の嫁の候補には、勝子の一年先輩で同じ東京女子大英文学科の友人トシ子さんがいた。彼女は秀才の誉れ高く、またたいへんまじめで親切で同じ西寮にいた勝子は、何かとお世話になった。大学に入って初めてキリスト教に接した勝子を小塩力先生の井草教会へ連れて行ってくださったのも彼女である。その時、すでに小塩先生のご令息小塩節氏と婚約なさっていたトシ子さんは、勝子を章に紹介した。勝子は結婚相手に三〇歳以上の男性は望んでいなかったし、章にとってデートに遅れるような人間は、好ましからぬ女性であった。

日本では、結婚話には先ず相手の写真と「釣書《つりがき》」と言ういわば家系図を互いに交換する風習がある。トシ子さんの義兄で章の学友(沖野秀一郎氏)は、勝子の写真を持って章を訪ねた。折から、章は風邪で寝込んでいたので、「そこにおいて行ってください」と、持参された写真を見ようともしなかった。

翌日その写真を見て章は「しまった!」と思ったという。勝子の写真は章のいちばん嫌いな患者にそっくりだったのである。しかし、わざわざ東京から名古屋まで会いに来る人を断るのも気の毒だと、気乗りのせぬまま会うことにした。会ってみると思ったほど感じは悪くない。勝子はこの時初めて家族に反対して、自分で学者の卵を選んだ。アカデミックな世界に魅かれたのと、在学中から外国への留学に憧れていたからである。二人は三度のデートで結婚を約束した。お互いに時間がなかったのだ。

婚約式と章の渡米

章はその後間もなく、単身で渡米することになっていた。二人が一年間遠く離れていると、お互いに何が起こるかわからない。取りあえず婚約式をしておくのがいいでしょうと小塩牧師からご助言を頂いた。当時勝子は東京ＹＷＣＡに務めていたので市ヶ谷のＹＷＣＡに身内とごく親しい友人が集まって、小塩牧師により婚約式なるものを行った。式が終わると席上、章の親友、西満正氏は牧師に面白い質問をして場をにぎわせた。

「私は婚約式というものに出席するのは今回が初めてです。婚約式は結婚式とは違いますね。それは必ずしも結婚するとは限らないということですね」。

小塩牧師は平然と「はい、その通りです」と答えた。

無事婚約式を済ませ、章の渡米も近づいたある日、章は勝子を食事に招いてくれた。喜んで招待を受けた勝子は、当日少し緊張ぎみで指定された家を訪ねた。それは千葉県稲毛の長兄・康男の家で、川崎製鉄のこじんまりした官舎であった。そこで勝子は章と長兄夫婦と章の母上（清子）の四人に温かく迎えられた。母上は今朝千葉沖で採れたというみごとな鯛を「お祝いの塩焼きにしましょう」と言って見せてくださった。

ひととおり挨拶が終わると、章はいきなり勝子に「卵豆腐のお吸い物を作ってください」と切り出した。それまで卵豆腐は一度ぐらいしか作ったことがなかったが、虚を突かれた勝子はいやとも言えず台所へ入った。だしは母上がとってくださったそうで、お鍋には鰹と昆布がぎっしり入って美味しそうな出し汁ができていた。

義姉が勝子に可愛いエプロンをかけながら「ひどいわね章さんは、勝子さんにこんなことをさせるなんて！　勝子さん大丈夫よ。私がお手伝いするわ」。義姉のこの言葉の何と嬉しかったことか。

義姉の指示に従って勝子は何とか卵豆腐のお清汁《すまし》を作るには作ったが、味が薄過ぎてお世辞にも美味しいとは言えなかった。

後日、章は勝子に「あのお清汁では先が思いやられるから婚約を取り消そうとおもったよ」と冗談めかして打明けた。

やがて一九五六年六月二六日、章の渡米の日がやって来た。当時、飛行機で国外へ出かけることはまだ珍しく、それは一大事であった。勝子は紹の訪問着に粧《めか》し込んで、とく伯母とともに羽田空港へ章を見送りに行った。空港のあちこちで見送る人々の「万歳」の声が聞こえた。手も触れ合わぬまま、勝子は丁寧に頭を下げて章を見送った。

こうして私たちは羽田で別れ、それから一年、二人の手紙は毎週のように太平洋を往復した。日米に離れて過ごしたこの婚約時代は、交際期間の浅い二人にとって、お互いを知るいい機会となり、不安もなく楽しい一年となった。

章の研究生活のはじまり

章を乗せたプロペラ機は途中、グアム島とハワイ島で給油してやっと米国本土についた。章は渡米してしばらくは英語で苦労したらしい。イェール大学医学部のボス、ロング教授を訪ねたところ、教授は夏休暇中で、留守を任されていたクライン助教授が対応してくれた。章は英語がわからないので何度も聞き返した。教授は親切に同じ英語をくり返し話してくれた。しかし、章はあまり何度も聞き返すのは悪いと思って、思わず生返事をした。すかさず"No, you do not understand !"とクライン教授の雷が落ちた。

クライン先生の雷に打たれた章は、以後、遠慮しないでとことん尋ねることにしたという。イェールの宿舎でいよいよ章の米国生活が始まった。言葉もできず誰も知らない章にとって研究室で一人仕事をするのはいいが、昼、食堂へ行くことは苦痛だった。英語でしゃべると食欲をそがれる。カフェテリアでは誰にも話しかけられないように、壁や窓に向かって席を取った。そんなある日、いつものように壁に向かって独りで食事をしていると誰かが肩を叩いた。振り向くと一人のアジア人が笑っていた。

"Are you a japanese ?"

"Yes"

「私は慶應から来た者です。あちらに他にも日本人がいますからいらっしゃいませんか」。

章は天にも昇る心地だったと言う。このグループには後に東大総長になった森亘教授、ヴァンダービルト大学の稲上正教授、京大の由良隆教授など、錚々たるメンバーがいた。これをご縁に彼らとはその後も一緒によき友として親しくお付き合いを続けた。

章の宿題

勝子は、社会人としてＹＷＣＡで幹事の仕事を始めたばかりであった。ＹＷＣＡではいい先輩に囲まれ、恵まれた環境で学ぶことが多く、仕事もおもしろかった。章の渡米の一年後には結婚のため渡米するという希望に燃えて毎日嬉々として働いた。

幸いＹＷＣＡの職員宿舎に入ることができたので、食事当番もあり、初めてお惣菜を買ったり作ったりすることも楽しかった。また手仕事が好きな勝子は、暇々に章にセーターを編んでクリスマス・プレゼントにした。また、当時アメリカ生活には興味津々だったが、具体的にどのような生活かはよく知らなかった。

「米国では缶詰を良く食べる」と聞いて、カナダ人のトーマス先生にお願いして先生のお宅まで調理法を習いにいった。優しい先生は喜んで教えてくださったが、何のことはない、缶を開けて温めるだけのことであった。トーマス先生には、その後も折あるごとにアメリカ生活について知っておかなければならないことをいろいろ教えていただいて、貪るように自分なりに米国生活への準備を心がけた。

やがて米国の章からいろいろな宿題が出された。まず、渡米前に料理の勉強をしてきて欲しいという。食いしん坊の章らしい注文である。例のお清汁のように、まずいものを食べさせられてはかなわないと思ったのであろう。あるいは米国の脂と肉の強烈な味とボリュームにうんざりして、ホームシックだったのかもしれない。

宿題の第一は、京都円山公園にある料亭平野屋へ行って棒鱈の芋棒を試食し、その料理法を教わってくること。勝子は言われるとおりを試みたが、「秘伝やさかい教えられまへん」と軽く断られた。

次は章の故郷、鹿児島の郷土料理を習ってくることであった。戦時中、直撃を受けて鹿児島の家も一切合切を失ってしまった章の母・清子は、戦前章の父が鯛釣りのために指宿へ建てた別荘を改造して「吟松」という旅館を営んでいた。勝子は鹿児島へお姑さんを訪ね、吟松の料理長から豚骨はじめその他の郷土料理を直伝で習ったのである。

章からの次の宿題は、日本のスライドをたくさん撮ってくることだった。章は米国へ来てアメリカ人が日本人や日本についていろいろ知りたがっていることを実感した。戦後間もないことで、日本をよく理解してもらうためには、四季折々の日本の生活や行事などをスライドで見せるのが効果的と考えたのである。元来写真が好きな勝子は、できるだけ章の意に添いたいと、どこへでもカメラを抱えて出かけ、チャンスを捉えてはスライドをとりまくった。渡米の時、勝子が撮ってためた日本の生活や景色、風俗習慣のスライドは、箱一杯になった。これは渡米後、教会やその他いろいろな集会で日本を紹介する時、大いに役立った。

最後の宿題は、日本舞踊を習ってくるようにということであった。当時、日本初のノーベル賞受賞者・湯川秀樹博士は、日本の誇る大スターとして多くの雑誌をにぎわせていた。章は、湯川スミ夫人が外国人に日本舞踊を披露して喜ばれ、国際親善に尽くされていることを知ったらしい。それでこの宿題が出たのであろう。勝子はそれまで日本舞踊などしたこともない。加えて、たった一年という短期間にどれだけできるかわからず、不安だった。幸い知人が青山学院大学の日舞グループを紹介してくださり、おかげで超特急のお稽古をしていただくことになった。勝子は毎週真面目に通い、「藤娘」まで何とか仕上げた。そして渡米時には、「藤娘」の小道具を持参した。しかし米国で勝子が日本舞踊をご披露したのはほんの数回であった。

（章のこうした習性は、結婚後もいろいろなことに見られた。例えば何かをした時すぐに点数をつける。例えば「今日の料理は六〇点で落第だ！」とか「これはちょっと甘みが勝ちすぎているが旨い！　九五点かな」。音楽でも絵でも何でも採点するのは根っからの先生かもしれない。が、しかし子供たちは嫌った）。

こうして日本で会う回数の少なかった二人は、太平洋を往復する一年間の文通でお互いを深く知り合うことができた。

勝子の渡米

章が渡米して一年後、いよいよ勝子の渡米の日がやってきた。勝子の親族は、勝子が一人で外国へ行くことを心配した。しかし、当時米国へ行くことは、日本人の憧れであり、大学時代からいつか渡米したいと願っていた勝子は、不安より喜びと期待でいっぱいであった。日本の生活用品や結婚祝いの品々で、荷物はかなりの量になった。当時、章の遠縁が大阪商船に関係していたので、勝子は貨物船で太平洋を横断することにした。

横浜の波止場には親戚や友人が駆けつけ、テープを握って見送ってくれた。スピーカーから蛍の光が流れ、握ったテープが一つ二つと切れていく。船出は実にロマンチックで感傷的だ。懐かしいたくさんの顔がしだいに霞んでいく。その中で独りだけ埠頭からちぎれるようにハンカチを振っている人がいた。それは勝子を小さい時から育ててくれた、父方のとく伯母さんであった。その影もしだいに遠ざかって見えなくなっていった。この時勝子は、その後の人生のほとんどを米国で過ごすことになるとは夢にも考えていなかった。

貨物船の客は一〇人そこそこで船長も気さく、和気藹々《あいあい》として一緒に食事をし、きわめて家庭的な雰囲気であった。なかでも結婚のために渡米するという勝子には、皆とりわけ関心を寄せ、親切にしてくれた。勝子は高揚こそすれ、寂しいという感じはぜんぜんない。美味しい洋食を楽しみながら、一四日間にわたる太平洋横断の旅は夢のように瞬く間に終わり、船はまずサンフランシスコに停泊した。

いよいよ憧れの米国へ来たのだ。キャビンの丸窓から港を見下ろすと、波止場でアメリカ人が荷物を運んでいた。勝子と同室のマッサージ師はそれを見て「あれ、アメリカ人が労働している！」と驚いて叫んだ。当時、一般の日本人はそれほどまでに米国に対して劣等感と偏見を持っていたのである。

ロサンゼルスの波止場

やがて船は目的地、ロサンゼルスのロングビーチに着いた。横浜を出港してから二週間、太平洋を横断し勝子はついに米国の土を踏んだのだ。荷物はそのままパナマ運河を通ってニューヘイヴンまで送られるという。

下船した勝子はしかし、はたと困惑した。閑散とした波止場にはタクシーの姿すら見えない。その上、持参したお金はたったの一五ドルだ。一ドル三六〇円の当時、日本人旅行者が持ち出せる最高額は一五ドルであった。一年前までは一〇ドルで、章はその一〇ドルをもって渡米したのである。

こんな心細い勝子に思わぬ助け舟が現れた。同じ船に乗ってきた日系一世の老婦人が「私の息子が迎えにくるから市内まで一緒につれていってあげますよ」というのだ。誰も知らない初めての外国、わずかなお金を懐にして心細い勝子にとって、まさに助けの神であった。しかも彼女は途中、デイリークイーンでアイスクリームを買って「どうぞ」とすすめてくれた。

当時日本でアイスクリームは贅沢の極み。車で送ってもらったうえ、高価なアイスクリームまで頂戴していいのかととまどいつつも、勝子はありがたく頂戴した。

ロサンゼルスでは、東京ＹＷＣＡの渡辺会長から紹介されたロス在住会員のお宅にお邪魔した。この方は見ず知らずの勝子をニューヨーク行きの飛行機が出るまでの数時間、ご自分のベッドで休ませ、勝子のためにみそ汁を作って、夕方、空港まで送ってくださった。至れり尽くせりのご親切には感激するばかりだった。こうして勝子を乗せたプロペラ機は章のいる待望のニューヨークへ向けて飛び立ったのである。

空港には章と章の義兄・由良省三兄が出迎えてくれた。彼は章の姉・弘子の夫で彼も数か月前三菱化成からニューヨークへ派遣されたばかりの一人暮らしであった。章は省三兄のアパートで、すき焼きを作って勝子を歓迎してくれた。それから二人は章の運転でニューヘイヴンへ向かった。車窓から広大な土地やみごとなハイウェイを見て、勝子は今アメリカにいることをしみじみと実感した。

ニューへイヴンに着いて

ニューへイヴンの章のアパートは二階建ての一階で、二階には家主のエートローというイタリア系米国人の家族が住んでいた。真ん中にだだっ広い台所兼食堂があって小さな居間と二つの寝室があった。結婚式までの数日を二人はこの同じ屋根の下で暮らすことになっていた。

初めての外国生活で知らないことばかりの勝子は、まごつくことが多かった。無知な勝子に、米国生活ＡＢＣを教えてくださったのは、角谷夫人であった。イェール大学の世界的数学者角谷静夫教授の奥様で、角谷教授は章の義兄・由良省三と同窓の知り合いであった。米国生まれの夫人は日本語より英語が得意である。角谷夫人は勝子をデパートへ案内し、買い物をしながら懇切ていねいに米国の生活習慣を教えてくれた。何も知らない勝子にとってそれは言い尽くせないほど嬉しくありがたいことで、生涯奥様のご親切を忘れたことはない。

ある日片付けをしていた勝子は、章のタンスを開けて驚いた。背広は二着しかないのに、下着が一ダースもある。「この人はきれい好きだ」と知って、勝子は嬉しかった。また台所の棚にはショウガやニンニクが入っていた。男所帯には珍しい。結構料理もする食いしん坊なんだ。こんな予備知識も結婚前の同居生活で得た賜物であった。

月々わずかなフェローシップをもとに、結婚式も新婚生活もすべて自分たちでやらなければならない。頼れるのは章だけ、それがかえって肉親愛に薄かった勝子には嬉しかった。章はまた、見かけによらず万事にわたり器用であった。

しかし英語だけは苦手で、当初から「アメリカでは主婦が電話を取るんだよ」とまことしやかに言ったので、勝子は疑いもせず初めのうちは電話の応対いっさいを引き受けた。それが英語嫌いな章の作り話であることは、間もなくバレてしまった。

2 ニューヘイヴンでの新婚生活

百ドルの結婚式

一九五七年七月三一日、私たちはアメリカ、コネチカット州ニューヘイヴン市で結婚した。会場はイェール大学の時計台ハークネスタワーの下にあるブランフォードチャペル。マーサー牧師は、式に先立って私たちを自宅へ夕食に招き、手製のラザーニャをごちそうしてくださった。食事をしながら彼は、私たちに結婚への覚悟や家族計画まで親切に話してくださった。

式の音楽はイェールの音楽部の先生にお願いした。曲について勝子はこだわりがなかったが、音楽に詳しい章は、ありきたりの結婚行進曲でなく自分の好きなモーツァルトを選んだ。

結婚式の当日、二人は朝早くからサンドイッチを作った。新婚旅行のお弁当である。それから、まず花屋へ行き、勝子が式場に生ける花を買い、花嫁の花束は聖書にバラをリボンで飾った可愛くて簡素なものにした。

それから章は借りただぶだぶの白いタキシードに、勝子は日本で友人のお母様に仕立ててもらった薄地で軽やかなウェディングドレスに着替えて、写真屋へ向かった。日本と違って米国の結婚写真には定型がない。写真屋は新郎の章に、椅子にまたがって後ろから新婦を抱くようなポーズを取れという。うぶな章は一瞬戸惑いながら、緊張して背後から勝子の腰に手を回した。勝子もまた嬉しいような恥ずかしいような気持であった。

純白のウェディングドレスで臨んだ宣誓式の後、勝子は日本の習慣にならってひとりでなんとかお色直しの着物に着替えた。

結婚式の後のレセプション会場は、章の友人たちが準備してくれていた。なかでも長い間イェールで日本語を教えておられた岡田みよ女史は、何もわからない二人をいろいろと親切にお世話してくださった。章の同僚たちがグラスやケーキをいそいそと持ち運んでいる姿が見えた。出席者はほとんどが章の友人、医学部の日本人留学生で、角谷先生や下宿のおばさんたちと章の知人数人であった。親戚はたまたまニューヨークへ赴任したばかりの由良の義兄ただひとりであった。

新婚旅行

留学生夫婦には充分なお金もないので結婚式も倹約を旨とし費用はすべてで百ドル、そのうち写真がいちばん高くて三五ドルであった。それでも新婚旅行の費用が足りない。章は思い切って由良の兄にお金を貸してもらうことにした。しかしこの兄も数か月前、単身米国へ来たばかり、充分なお金があるわけではない。貸すとは言ったものの金額を聞いて「えっ！えっ!?」とびっくり仰天したという。

新婚旅行はニューイングランドと決め、中古車フォードに手製のサンドイッチを積み込んで、章の運転だ。初めての夜はスターブリッジのモテルに泊まった。翌日はボストンの有名なレストランで牡蠣料理を奮発した。紙のプレースマットが綺麗で記念にもなるので、食事の後アルバムに貼りたいと思った勝子はこっそりそれを持ち帰ろうとした。これを見た給仕が一〇枚もの新しいプレースマットを持ってきて勝子にくれた。レストランを出たところに男が立っていて、歩行者に何やら紙を渡していて、私たちにもその紙をくれた。何とそれは未成年者を戒める警句だった。

ニューハンプシャー、バーモント、ニューヨーク州と一週間の新婚旅行で二人はすばらしい米国の大自然を満喫し、初めてのさまざまな体験をした。ニューヨーク州の北、レークジョージの湖畔で出会った老夫婦はセルフタイマーで写真を撮っている私たちを見て、いたく感心した。当時は米国でもそんなナイーヴな人たちがいたのだ。こうして私たちの自動車による一週間足らずの新婚旅行は、無事終わった。

新世帯

私たちの新婚生活はスムーズに始まった。章は毎日勝子の作ったお弁当を持って研究室へ出かけ、勝子は日本の主婦さながら毎日家で、料理、洗濯、掃除をした。掃除は大家さんに借りた電気掃除機を試してみた。初めて使うこの機械は、魔法のように一瞬にして埃を吸い取り、またたく間に床がきれいになる。勝子はそれが珍しく不思議でありおもしろかった。しかし留学生の身で高価な電気掃除機はとても買えなかったので、毎日のように掃除機を借りに行った。そんな勝子に大家さんは驚いたようだ。電化されたアメリカの家事は簡単で能率がいい。主婦の勝子は家事を済ますと次の日のお弁当を考えるくらいしかすることがなかった。

時間をもて余した勝子は、日中ひとりテレビを見て過ごした。日本にはテレビがないころで、テレビもまたたいへん珍しくおもしろく楽しかった。しかし難しい英語はよくわからないので、もっぱら子供向け漫画「バッグスバニー」を見たりしていた。今思えば漫画の英語のほうが、わかりにくかったかもしれない。

車社会の米国生活で自動車は必需品であった。勝子も運転免許を取るために、毎日夕方になると章と二人で人気のない灯台の近くへ行って練習を重ねた。ある時気がつくと道の左側を走っていた。章は注意するより手が先に出て、いきなり勝子の頭を殴った。

「下手すれば正面衝突するかもしれなかったから」と章はきまり悪そうに言いわけした。勝子が章から殴られたのは、後にも先にもこの時一度だけである。

運転免許を取って足ができた勝子は、よく章の研究所へお弁当を届けた。実験室で二人でお昼を食べる。終わると、勝子はボランティアで章の使った試験管などの器具を洗った。家にいるよりよほど楽しかった。

米国に来てもう一つ章が勝子に勧めたことに、呼び名の考案がある。米国では耳慣れない日本人の名前は覚えにくいから「勝子」に変わる米国名をつけたらどうかというのである。「勝子」という名前の意味からは〝Victoria〟音の響きからは〝Katie〟が候補に挙がった。できるだけ簡単な方がいいからと〝Katie〟に決めた。以来勝子は米国で「ケイティ」と呼ばれている。

新生活になれてくると、米国の習慣に従って時折、角谷さんはじめ友人を自宅へ招待して夕食をご馳走することにした。天ぷら、すき焼きなどにお客は喜んでくれるし、こちらもいろいろなお話を聞いて見聞を広めることができる。こんな楽しいことはない。二人はこれに味を占めて、一週間に一回お客さまをご招待するように心がけた。

自宅で暇な勝子は、せっかくの米国生活を無為に過ごすのはもったいないと考えた。まず、東京の経験を生かし、YWCAでボランティアとして働くことを考えた。最初はティーンズグループの係としてフォークダンスをしたり、募金運動などの手伝いをしたりした。やがてYWCAでは、勝子が生け花の師範であることを知って大喜び、早速新しく生け花のクラスを開設した。

ニューヘイヴンで生け花のクラスが開かれたのは戦後これが初めてであった。土地の新聞『ニューヘイヴンタイムス』はページ一杯に着物姿の勝子の写真を掲載し"Japanese Bride is Master of Ikebana"と報道した。それからはこれを知った近郊のガーデンクラブからつぎつぎに生け花のデモンストレーションやワークショップの申し込みが相次ぎ、勝子は急に忙しくなった。あちこちのガーデンクラブや教会から生け花のデモや講演の申し込みが殺到した。章の要請で持参した日本のスライドは、こんな時大いに役立った。

結婚当初、私たちは床屋に行くことが億劫であった。というのは日本の美容院や床屋は小綺麗でじつに手際がいい。しかし米国の床屋は日本人の毛質になれないせいか手が無器用なのか、たいへん雑で、床屋から帰ると洋服を変えなければ気持が悪いほど切り髪が散らかる。そのため私たちはお互いの髪を刈りあうことにした。しかし勝子の髪にパーマネントを試みた章は、手が痒くなり一度で諦めた。

一方、勝子の刈った章の髪型は当初、「おかまをかぶったようだ」と同僚から冷やかされたが、章はそれをあまり気にもせず、その後もずっと勝子に任せて床屋へは行こうとしなかった。結局、章は日本へ帰国して一度、フランスで一度と二回床屋へ行っただけで、一生ケイティ床屋任せだった。子供全員の髪もまた小さい時からケイティ床屋で刈った。

しかし子供たちは年頃になるとさすがに「お母さん、もういいよ、僕床屋へ行く」と言って逃げた。

そのころ日米合作の映画「さよなら」が話題になっていた。この映画はいわば蝶々夫人の現代版である。ある日、YWCAで一緒に働いていた、ただ一人の黒人職員サラが私たちを自宅へ招待してくれた。その時彼女から意外な質問を受けた。

「あの映画は日本人と米国人の話だけれど、黒人と白人の問題だと思わない?」と。思いがけない質問に勝子は驚いて答える言葉を知らなかった。当時、米国北部でもそんな感情がまだ残っていたのである。

新婚の忙しい一年

結婚後しばらくして、勝子はイェールで日本語を教えている岡田女史から日本語の臨時教師をしてほしいとの要請を受けた。岡田女子は結婚式以来お世話になっている大切な方である。勝子は英語教師の資格はあるが、日本語の資格はないからとお断りした。

しかしあえて「ただ日本語を話すだけでいいからお願いします」と言われ、引き受けることにした。長沼直兄メソッドの日本語教育はドリル中心の教育法で、日本人である勝子にとって母国語を話すだけなので、授業は難しくはなかった。しかし、使われている日本語が「便所」とか「停車場」などと、すでに使われていない日本語が多く、首をかしげるものもあった。

とまれこうして勝子は数か月、イェール大学の東洋会館でミッション関係の人々と空軍の軍人さんたちに日本語の指導をした。教科書よりも、もっと勝子が驚いたのは、初めてクラスへ行った時、幾人かの生徒が机の上に両足を投げ出していたことであった。日本では考えられないマナーの悪さに、ただただ仰天した。その後、しだいにそれにも慣れ、後では自宅へクラスの生徒を招待し一緒に食事をしたりした。

次に勝子は、イェール大学医学生理学教室のデルガード教授から、実験の手伝いをしてくれないかという要請を受けた。文科系の勝子は理科系のことはまったく無知に等しい。とてもできないと思ったが、デルガード教授は「簡単な実験です」と言う。それはサルのコロニーを隠しカメラで捉えた映像を解析するもので、どのサルがどのサルと何回マウンティングしたかを記録するという愉快な実験だった。勝子は脳を刺激されたボスザルがしだいに弱り行くさまや、それにより第二のボスが出現するなど、しだいに変わっていくサルの社会が人間とまったくよく似ていることを観察し、この仕事を大いに楽しんだ。

日本にいた当時、勝子は海の向こうの章にアメリカの大学で勉強したいという大学時代からの希望を伝えていた。章は早速イェールで調べた。しかし、どの科目も程度が高すぎて外国人、しかも経験不足の勝子にはとても歯が立たないようだった。それでイェール留学は諦めることにした。それでも勝子の勉学への意欲は変わらない。せっかくアメリカに来たのだからアメリカでなくてはできないものを学んで帰りたい。それはきっと将来日本へ帰った時、何かの助けになるのではないかと勝子は思っていた。

その頃、日本で室内装飾《インテリアデザイン》という言葉が聞かれるようになってきた。戦後間もない日本では色の感覚がまだ遅れていた。渡米して勝子は室内ばかりか着るもの、食器や生活全般あらゆるもので米国人の色のセンスの良さに大変感心した。「インテリアデザイン」これこそこれからの日本人、とくに日本女性が米国から学んで帰ればきっと将来役立つのではないかと考えた。ぜひそれを学んで帰りたい。早速、勝子はそれを教科にしている学校を探したが、当時米国でもこの新しい分野を扱っている学校はなかなか見つからなかった。

このことを角谷夫人に相談すると、夫人も色々調べてくださって「今のところはお店へ弟子入りして実地に学ぶだけしかありませんね」とおっしゃった。

しかし、諦めずに模索したところ、やっとニューヨークに適当な学校（New York Interior Design School）があることがわかった。勝子は早速その通信講座をうけることにした。この講座はテキストを自分で勉強し毎週テストの回答を提出するというものであった。勝子は目新しい考え方に小躍りして受講を続けていた。ところがある日、思いがけないことが起こった。急に気持が悪くなったのだ。つわりであった。それからは英語を見るのも読むのも苦痛になって、とうとう講座は頓挫してしまった。

イェールの友人から紹介された産婦人科のマストロヤニ先生は、まだ若い元気な産婦人科の医師であった。診察の後、先生は「立派なご妊娠です」とおっしゃった。章の姉に双子が居るので、勝子は冗談混じりに「双子ですか」と聞いた。

先生は「残念ながら一人です」と。

後日ニューオーリンズに移ってから、テレビでマストロヤニ先生が婦人科の問題を話しておられる姿を見る機会があった。私たちは驚きと懐かしさでいっぱいだった。お偉い先生だったのだ。

結婚して半年ほどたった時、大家のエートローさんはたいへん申し訳なさそうに家の都合で借家を出てほしいと切り出した。彼らとは家族のように親しくしていたのに、よほどの事情があったのであろう。私たちはウェストと呼ばれる地区にあるデヴィヴォさんというヴィクトリアンの立派な家の二階へ引っ越した。引っ越しの日はエートローさん家族がトラックまで借りてきて総出で手伝ってくれた。

ある時、章が学会でフィラデルフィアへ出張した。初めてひとりになった勝子は寂しさと不安でいたたまれなくなって、エートローさんへ電話をした。優しいエートロー夫人は、わざわざ勝子のために家に来て慰めてくれた。

省みてこんなこともあったのかと、勝子は自分でも信じられない。結婚当初はかくも若くてナイーヴだったのだ。

私たちが引っ越してから間もなく、ひとり暮らしをしていた義兄の家族、義姉と子供四人、がニューヨークへやって来た。ニューヘイヴンから車で一時間半ばかりの距離である。当時日本食はニューヨークのような大都会でしか手に入らなかったので、私たちは日本食の買い出しを口実に、週末よくドライブして義兄の家を訪ねた。一泊して美味しい義姉の手料理をご馳走になり、家庭的雰囲気を味わえるので、とても楽しみであった。勝子はまた料理上手の優しい姉から、シュークリームや手の込んだ日本料理を教えてもらえて、ことさら嬉しかった。

ニューオーリンズへ

結婚して半年ばかり経った時、章のもとに一通の手紙がきた。ボストンのマサチューセッツ総合病院のドクター・ディングマンからであった。

「このたびニューオーリンズのチューレン大学へ内分泌部門の主任として赴任する。ついては私の教室へこないか」という招請状であった。

章は日本で米国留学の希望としてハーバード、イェール、コロンビアの三大学へ願書を出していた。ハーバード大学からは「残念だが今は空きがないが来年こないか」との返事をもらっていた。それで空きがあってすぐ留学が可能であったイェール大学へ行くことに決めたのである。ハーバード大学のディングマン教授は、この章の願書を覚えていて、招待の手紙をくださったのである。

二年間のイェール大学での研究生活で博士号を取得した章は新しいところへ行くのもいい経験だと、この招請を受けることにした。

勝子はすでに妊娠八か月に入っていた。

3 初めてのニューオーリンズ

ニューヘイヴンからニューオーリンズへ

一九五八年の夏、私たちは中古車フォードに荷物を積んでニューオーリンズへ旅立った。途中プリンストンに留学中の章の友人北垣敏男博士夫妻を訪ね、楽しい一夜を過ごした。

それからしばらくして旅行中、章の背中におできができて、運転が難しくなった。治療のため、勝子は車のトランクから電気鍋を出して器具の消毒をし、章のおできの治療に努めた。

しかしその甲斐なく、運転歴の浅い勝子がどうしても運転をしなくてはならなくなった。ところが足が短いうえに妊娠中でお腹が出ているので、アクセルが踏みにくい。ある時、坂道で

赤信号となり、青信号に変わったとたんあまりにも急激にアクセルを踏んだため、車のタイヤが「キーッ」という猛烈な音とともに火を吐いた。しかしそれ以来、勝子の運転は少しばかり上達した。

南下するに従って景色は変わり、アパラチア山脈を抜けてテネシー州に入るとなだらかな丘が続く。やがてルイジアナ州に入ると山はすっかり姿を消した。大きな樫の木からサルオガセのような宿り木の一種、スパニッシュモスがぶら下がっていた。勝子はその異様な印象を忘れることができない。八月、南国の真夏は暑い。その上、この田舎町は日本で考えていた米国生活とはほど遠い生活環境で、住んでいる人々まで北とはかなり違って見えた。しかも、南国の暑さは妊婦にかなり堪えた。

やっとニューオーリンズ市にたどり着いた私たちは、ひとまずダウンタウンに近いホテルに落ち着いた。ホテルとは名ばかりの古い安宿で、暑さをしのぐために一台の大きな扇風機が奇妙な音を立てて回っていた。当時はまだクーラーが一般化されておらず、南部でも一般に大きな扇風機が使われていた。ともかく暑くてやりきれない。

章は汗の研究で世界的に名高い恩師久野寧教授から教わった涼を取る方法だといって、得意げに扇風機の前で濡れ手拭を体にかけて涼しんでいた。しかし、こんな状態に二人は絶えられなくなって、数日後、空港に近い郊外のエアラインハイウェイに粗末でもエアコンのある安モテルを見つけて移動した。

そんな時、新しいボス、ディングマン先生から嬉しい話があった。家族で夏休暇に出るから自宅の留守番をしてくれないかというのである。会ってまもない外国から来たばかりの研究員に自宅を任せてくれるボスの寛容さに、私たちはびっくりしつつも飛びあがって喜んだ。ディングマン先生の家は町の北にある大きな湖、ポンチャートレイン湖に面した閑静な住宅地にあった。広々した芝生の庭、近代的な便利で綺麗な室内は、どこへ行っても視界が晴れて気持がいい。おかげで私たちはその家で一か月ばかり、夢のような生活を送らせていただいた。章は初めて芝刈りをし、勝子は綺麗で便利な家で米国主婦の家事を楽しんだ。二人にとってもの珍しいことばかりで、楽しく貴重な体験であった。

出産と南部人

やがて私たちはアップタウンに安アパートを見つけて移り住んだ。アパートと言っても名ばかり、古い大きな一軒家を幾つかに仕切って小さなアパートに改築した粗末なものであった。木製のドアも家具も素人が塗ったらしく、ペンキでテカテカ、床は曲がって歩くたびにギシギシ音がする。隣りのアパートとの境は釘打ちのドア一枚である。私たちは大金をはたいて真っ先にクーラーを買い、窓に取り付けた。ちょっと喧《やかま》しいが結構涼しい。隣りは一〇代の若夫婦で、夫はまだロヨラ大学薬学部の学生でほとんど家にいないらしい。生後六か月の男の赤ちゃんがいた。若い奥さんは暇と寂しさでやりきれないらしく、私たちが引っ越すと間もなく毎日のようにわが家へおしゃべりにやって来た。彼女はタバコをスパスパ吹かすのでちょっと嫌だったが、人懐っこい人柄は憎めない。

一〇月になって、いよいよ勝子の出産日が近づいた。初めてのことで、章は勝子の陣痛が始まると、本を見ながら時計とにらめっこで陣痛の間隔を正確に計った。そして夜中にいよいよと判断すると、それとばかり二人は病院へ駆けつけた。数時間後、無事長男が誕生した。祖母から産みの苦しみを聞いていた勝子は覚悟していたが、日本と違って米国では麻酔を使う。

「まだでしょう?」

「生まれたよ。男の児だよ」といった案配で、楽な初産であった。

日本人の赤ちゃんは米国人と違い、髪が黒々としている。私たちの長男も黒髪を皆から珍しがられ、テレビにまで出演した。

初めて人の子の母となって、勝子は人間の命の尊さを実感した。人間は誰でも命をいただいてから一〇か月母親の胎内で過ごし、母親のくり返す陣痛とともに世に出るのだ。それを考えると人間の命の尊さを痛感しないでいられなかった。勝子は病室を掃除に来るおばさんにも心の中で手を合わせた。

また産後数日の病院生活は、当時の日本の病院施設とは格段の違いで、勝子にはもったいないようにさえ感じられた。とくに食事が美味しく、至れり尽くせりのサービスは、まるでホテルにいるような気分であった。勝子は数日のこの病院生活を大いに楽しんだ。退院の日、迎えに来てくれた章に車の中で言った。

「こんないい病院とすばらしいお医者さまがいらっしゃるなら、もうひとり産んでもいいわ」。

そして願いどおりその一五か月後、勝子は同じ病院で次男を出産した。

勝子の留守中、章が仕事から帰ってくると家の食卓には夕食の用意ができていた。それは隣りのあの若奥さんの心遣いであった。勝子が病院から帰ってからも、奥さんは毎日やって来て、赤児のミルクを作ったり湯浴みをしたり家の掃除や食事の用意などいっさいしてくれた。ありがたいボランティアである。このようにして私たちはしだいに打解けて友人となり、奥さんのご両親とも親しくなって親戚のようなおつきあいを楽しんだ。

そのご両親はニューオーリンズから少し離れたホウマ（インディアン部族の名前）という小さな

田舎町に住んでいる、とても明るく気さくなケイジャンであった。ケイジャンとは昔フランスから北米東部とカナダにまたがるアカディアに移住した人々の子孫で、さらにミシシッピ川の河口ニューオーリンズ市郊外へ移住した人々のことである。その明るくて陽気な人柄には定評がある。毎年クリスマスや感謝祭には私たちも家族同様招待され、にぎやかで楽しい時を過ごさせていただいた。

当時の日本人が考えた米国人像は、合理的で冷たい印象であったが、米国人の中でもとくに素朴な南部人は、日本人以上に人間関係が密で、キスやハグはごく自然なものであった。

同僚

当時、他にも幾組か私たちと同じようにチューレン大学へ留学している日本人がいた。中でも同じ医学部で阪大からの高階経和先生（心臓の大家）ご夫妻とはしばしば一緒に食事をしたりドライブを楽しんだりした。

一九五八年大晦日の夜、思いがけない事件が起こった。高階博士夫妻と一緒にキャロルトン通りの私どものアパートでテレビを見ていたところ、突然臨時ニュースが入った。

「今ミシシッピ川で日本の貨物船が石油を積んだ艀《バージ》と衝突して、炎上中」。

これは大変とすぐ近くに住んでいた船津副領事に電話した。船津副領事も驚いてすぐ大木領事に連絡した。ところが大晦日なので大木領事はフレンチクォーターへでかけて留守とのこと。船津氏は大木領事の指示を仰がずにご自分の判断で至急警察へ連絡し、章に間もなく、警察がやってくることになっているが一人では心細いから一緒に来てほしいと頼んできた。

間もなく船津副領事をのせた警察の車がやってきて、高階先生と章は同乗して現場へ直行した。あんなに早く緑地帯（中央分離帯）もかまわず車で走ったのは、後にも先にもあの時だけだと章の語り草になった。

高階博士は現場に残り、章は怪我人をウエスト・ジェファーソン病院へ連れて行って手当にあたった。その時気の毒なことに、若い船医が河に飛び込んだまま行方不明になった。

高階先生の他に、ルイジアナ州立大学医学部に慶應大学からの浅見敬三（寄生虫学専門、後、慶應大学医学部学部長）、チューレン大学に大島智夫、岡本重禮（後、聖路加病院副院長）などの各氏の他、二、三名の日本人留学生がいた。外国のことでもあり、数の少ない日本人同士はよく集まって一緒に食事をしたり、ドライブしたりして親交が密であった。

当時独身だった岡本先生は一年ばかりしてこちらへ花嫁さんを迎え、結婚式をすることになった。幸い大島智夫先生は北大クラーク博士の愛弟子・大島正健氏のお孫さんで、熱心なクリスチャンである。彼が結婚式の司式者となり、米国で式を挙げた先輩の私たちがそのお手伝いをした。岡本先生の結婚式はつつがなく終わり、ここにすばらしい日本人カップルが誕生した。その後、ほとんどの先生方は帰国されたが、今なおこれらの先生方との交流は続いている。

新しいアパート

やがて私たちは古臭いアパートからクレーボン通りに新築されたチューレン大学の職員アパートへ引っ越した。セントラル冷暖房つきの新しくて近代的で合理的なアパートで、住み心地も上々であった。住人は学生や若手の職員家族だから、お互いの懐具合も気心も似た者同士だ。近所付き合いは、ジャガイモ一つでも気軽に貸してもらえるほど気がおけない。若い私たちには願ったり叶ったりの生活であった。しかし家具はついていないので自分たちでなんとかしなくてはいけない。

その頃アメリカでは、日曜大工がはやり、不器用なアメリカ人の素人向けに、便利な大工道具が手軽に入手できた。私たちは安い中古家具を買いそれに少々手をいれて間に合わせたり、章は日本から荷物を運んできた梱包木箱を勉強机に作り変えたりした。また親しいアメリカ人が私たちのために、親切にも道に捨てられた古い家具を拾ってきて修理し、ペンキを塗ってくれた。大学でも職員の奥さんグループが寄付された古い家具を無料で貸す世話を始めた。これは私たちのように外国からの学生や職員にはたいへん助かり、ありがたかった。

大学のアパートへ移ってから、私たちはしばしば友人を招いた。しかしニューヨークのように日本食品を入手することは難しかった。

当時、ニューオーリンズ市にはすでに日本領事館があった。事務所はインターナショナルハウスの向かいで、領事、副領事に加え数人の日本人職員が働いていた。

その後一九五九年、これが総領事館に昇格し、事務所は新築の国際貿易センターに移転した。まだ日本人の数はわずかで、一世の江成老夫妻とご子息家族、川崎夫妻、ジェトロの駐在員飯村さん家族、大久保さん家族、それから章の奉職したチューレン大学医学部には私たちのほかに高階経和先生夫妻と二世のジミー藤本先生がおられた。人数が少ないだけに日本人同士のお付き合いは密で、私たちはよく領事公邸へ大木領事をお訪ねして四方山話をしたり、婦人たちは領事館のコックさんから握り寿司の作り方を教えていただいたりした。

領事館では、お正月と（昭和）天皇誕生日の四月二九日に在留日本人全員をパーティに招いてくれた。私たちはこの日が楽しみで、みんなめかしこんで出席し、懐かしいおせちや美味しい日本食に舌鼓を打ったものである。当時、米国で日本食を食べることは贅沢のきわみであった。

思えば、領事館の食材は日本から直輸入だったかもしれない。

最初の渡米先ニューヘイヴンは、ニューヨークに近かったので週末よく買い出しにいったが、ニューオーリンズでは日本食を入手するには、那須さんが自宅で経営していた店がただひとつで、そのうち、セントチャールズ・アベニューにもう一軒日本食料品店が開店した。これが平林、玉井両氏の経営したオリエンタルである。しかし、今のように日本食品が豊富ではなかったし、日本米は高価だったため、通常は米国産のショートグレインを代用した。それでもお醤油とお味噌が手に入るだけでもありがたかった。たまにすき焼きをする時は、椎茸はマッシュルーム、野菜はニンジン、セロリ、ピーマン、タマネギなどで、取っておきのお醤油とお砂糖、みりんの代わりはワインといった案配であった。贅沢を言わなければお味噌とお醤油があれば何とか日本料理の真似ごとができ、懐かしい味と香りを充分楽しむことができた。ダイコンや豆腐などの東洋食品が出回るようになるのはベトナム戦争終結後多くのベトナム難民《ボートマン》が入国してからのことである。

チューレンで大学技術員

子供の手が少し離れたとき、章に薦められて勝子はチューレン大学の章と同じ研究室でディングマン教授の技術員として働くことになった。他にも高階先生の奥様がＥＫＧ（心電図）の仕事をしておられた。

研究所での勝子の仕事は主に尿の分析であった。専門とまったく違う未経験の仕事だが、簡単そうな作業で給料も入り家計が楽になる。その上、専業主婦を脱してアメリカ生活を経験するいい機会だと考えた。日本人の器用さのおかげか、勝子が扱いにくいオズモメーター（尿の分析器）をうまく使っていい結果を出すので、ディングマン教授は上機嫌で賞状までくださった。

職場では、午前と午後にコーヒータイムがある。この時はみんな職員食堂へ行って女同士のおしゃべりが盛んだ。勝子は、はじめ南部アクセントで流れるように話す女性の会話は、ほとんど聞き取れなかったが、こんな機会が重なるにつれ、少しずつ南部アクセントにもなれていった。

妊娠中のメキシコ旅行

章の奉職していたチューレン大学医学部には長崎大学の西森先生ともう一人の先生が日本から留学されていた。お二人とも単身赴任で一人暮らしは退屈なのであろう、よく拙宅へ遊びに来られたりピクニックにお誘いしたりした。勝子が次男を妊娠していたとき皆でメキシコへ行こういうことになった。四人であれば自動車旅行が格安だ。長男はホウマのおばあちゃんにお願いして、かなりくたびれたわれらが愛車フォードに食料とガソリンを積んで出発した。途中ヒューストンでテキサス大医学部の教授を訪ね、国境の町ラレドについたのは夕方で、ここに一泊することにした。

夕飯後夕涼みをしていると、若い男がやってきた。このホテルの従業員であった。彼は東洋系の顔をしていた。聞けば彼のお祖父《じい》さんは日本人であった由《よし》。私たちが日本人と聞いて懐かしそうにいろいろ話してきた。翌日いよいよメキシコ入りである。

リオグランデ川の橋を渡ると、景色が一変した。何もかもがみすぼらしく埃っぽく田舎臭い。国境の検閲官はべちゃべちゃと喋って厳しさがない。「トランクを開けろ」。検閲はいい加減ですぐOK。しばらく行くと人っ子ひとりいないサボテンの畑が延々と続いた。

ハイウェイで一休みしていると、どこから来たのであろうか薄汚い老婆がボーと立っていた。物乞いである。私たちはわずかな食べ物を差し出し、早々に退散した。やがて山に入る。急な狭い坂道が山に沿ってうねうねと続いた。一方は見るだけで気が遠くなりそうな断崖絶壁である。やっと山を抜けると埃っぽい赤土の道が続く。走り続けた果てに、モントレーという町に着く。私たちはトイレとともにメキシコのお金ペソに換金するため銀行へ寄った。するといつ、どこから来たのか大勢の子供たちが私たちを囲んで「シンコ、シンコ」と言って手を出している。五センタボが欲しいというのだ。やらずにいると唾を吐きつけた。

ふたたび車に乗って田舎道を行くと、蛮刀を持った数人の男が歩いている。なんとハイウェイで豚を解体していた。そして血に染まった豚の耳を持って切り落とした豚の頭を私たちに見せて笑った。このような田舎道をかなり運転していくと突然大都会が現れた。首都メキシコシティである。その規模の大きさは鄙びた田舎からは想像もつかない、驚きであった。私たちはひとまずホテルへ落ち着いて西森先生の知人に連絡した。

翌日、私たちは先生の知人のお世話でピラミッドを見物することになっていた。私たちはその友人が迎えに来てくれた車に乗った。しかしその友人の運転は、肝の冷える思いであった。誤って一方通行を逆行してしまったちょうどその時、警官がやってきた。運転していた当人は、少しもあわてず何かを手渡した。すると警官は何も言わずに立ち去った。

彼によるとメキシコでは「地獄の沙汰も金しだい」で賄賂がいちばん効果的なのだそうだ。ご馳走になったメキシコ料理はたいへん辛く、生水を飲むのは危険と聞いていたのでサラダもおちおち食べられず、辛いものが苦手な勝子はあまり楽しめなかった。

数日後、帰国の途につき再び米国の土を踏んだ時はただただホッとして、それまで何気なく生活していた自分たちがいかに米国の恩恵を被っているかを改めて実感したのであった。

次男誕生と黒人のおばさんベッシー

長男を出産して一五か月後、勝子は再び出産した。二度目となると慣れたもので、章も勝子もあまり神経質にならなかった。勝子は大きなお腹を抱えながらも八か月ぐらいまで研究室で働いた。

出産はたいへん軽く、産後の肥立ちも良かった。赤ちゃんは男の子で長男よりも大きく健康に見えた。この子を連れて勝子が退院した日、長男・次郎は戸口でむずかって泣いた。子供ながら母親を取られたように感じたのであろう。この赤ちゃんは初めバスケットへ寝かせた。今度の赤ちゃんの名前は章にちなんで一字とし、前から勝子が大好きだった「マコちゃん」にしたいと、「真」と命名した。初めの子、次郎には準備不足で母乳がやれなかったので、今回は前から準備してできるだけ母乳にした。真は元気ですくすくと育ち、手のかからない子であった。

勝子が働くために、子供が次郎一人の時は託児所《ナースリー》に預けた。毎朝、一台の車に一家が乗り込み、途中長男を託児所へ預けて夫婦で大学へ向かう。帰りは子供を拾って帰る。しかし、二人目の子供ができてからはお手伝いさんに家へ来てもらうことにした。

ベッシーと言う五〇歳ぐらいの黒人のおばさんは料理が上手、温厚な人柄で子供たちを安心して任せられた。

週末になると、住人たちはアパート備え付けの共同洗濯場で洗濯をする。洗濯をしている間、親たちはアパートの裏庭にある遊び場で子供をブランコに乗せたり砂場で遊ばせたりしながらおしゃべりを楽しむ。このように子供を通して友人ができ、お誕生会やピクニックなどにも招かれたり招いたりして私たちはしだいにニューオーリンズ生活になじんでいった。

初めてのヨーロッパ旅行

一九六〇年、ヨーロッパのドイツで国際内分泌学会が開かれた。章にとって初めての国際学会である。当時、アメリカでは夫婦二人で旅行することは当たり前であるが、日本ではとても考えられないことだった。若い二人にとってそれは大変魅力ある機会だった。

「将来こんな機会はないかもしれない、このさい、ぜひ二人でヨーロッパへ旅行をしたい」。二人の願いは強かった。

それには子供を預かってくれる人を捜さなければ。長男は以前も預かってくれて慣れ親しんだホウマのおばあちゃんが引き受けてくれたが、次男まで預けることはできない。友人のヴィヴィアンが次男を預かってくれる人を捜してくれた。二人は胸踊らせて旅行計画を練った。

旅はつつがなく計画どおり進み、パリでは着物を着てオペラを鑑賞した。フランスからドイツの学会へ出席して、章は世界の最先端をゆく研究者たちと交流することができた。同学会の後、さらに国境を超えてスイスに行き、友人の車を借りてスイス国内を一週間ばかりドライブした。二人は大満足で帰国した。

帰宅して早速子供たちをむかえに行った時、長男・次郎はホウマのおじいちゃんおばあちゃんにさぞ可愛がってもらったのであろう。彼は私たちのところへ来るのをいやがった。親としてはショックだった。その後もおばあちゃんが亡くなるまで、私たちはずっとこの家族とは親戚同様のお付き合いをした。

千宗室夫妻

ニューオーリンズへ私たちが初めて行った一九五七年当時、同地の人にとって日本はまだまだ遠い異国であり、なかには中国の一部であると思っている人さえもいるほどで、日本への関心はほとんどなかった。

その頃、茶道裏千家の宗匠・千宗室夫妻が初めて海外旅行に出られ、ヨーロッパの帰りにアメリカ経由でニューオーリンズへ立ち寄られた。当時からこの町には日本人が少ないうえ、茶道に通じている人はわずかであった。日本領事館はあったものの、領事は単身赴任で奥様は日本にいらっしゃるため、宗匠ご夫妻のお世話をする人がいなかった。それで勝子にお世話の依頼が回ってきた。裏千家の宗匠と言えば日本ではなかなかお目にかかることもできない雲上人だ。勝子は喜んでこの要請をお受けした。

この時、ご夫妻はお手伝いもなくお二人だけのご来訪であった。若くてきれいな奥様と宗匠ご夫妻はたいへん美しくご立派で、周囲を和ませながらも凛とした気配で充たした。そして宗匠がお点前をご披露なさることになり、その準備やお客も必要となった。勝子は通訳ということであったが、お客もつとめることになった。楚々として美しい着物姿の奥様は、とても手際がお見事。おひとりで静かに手早くお点前のご準備をされているごようすに見とれるばかりだった。今もそのお姿が眼に焼き付いている。本当にすばらしい方と感銘を受けた。

プログラムが無事終わり、章と勝子はお二人をホテルへお送りした。車の中で章は、めずらしく多弁だった。茶道はすばらしい日本の誇る伝統芸術文化である。私たちは家元のお点前に感銘した。自分も少し習ったことがあるが茶道が化学の実験に役立っていることを実感したと次のような体験談をお話しした。

章は名古屋大学の医学生時代よく個人の家へ診察に行った。診察後よくお点前でお茶をご馳走になった。作法を学ぶ必要を感じた章は友人を誘って茶道を習うことにした。

「どんな先生がいいか」。「もちろん若くて綺麗な女の先生がいい」。「お茶には流儀がある。表と裏とどちらにするか」。「もちろん表がいいさ」。というわけでお稽古を始めた。

習い始めて一年半ほど経ったある日のことである。章は自分の最近の実験が今までよりスムーズで、出したデータも綺麗でまちがいがないことに気がついた。「これはお茶のお稽古の賜物ではなかろうか」。

心静かに決められた手順でひとつひとつに心を止めて行う茶道の所作は研究室の化学実験においてたいせつな心構えと同じである。こうすればピペットの先が汚れたりガラス器具を誤って割ったりすることもない。お茶の精神こそ科学者にとってたいせつな心構えである。

聞いていらした宗匠は「茶道が科学に役立つということは初めて聞きました」と驚いたごようすだった。

ホテルに着くと、宗匠は私に「日本へ来た時にはぜひ裏千家をお訪ねください」とお声をかけてくださった。「日本でそれはとても無理でしょう」と申し上げると「いいや、きっとお目にかかりますから」とおっしゃって、お別れとなった。

後日、勝子は帰国の折、たまたま東京へ宗匠がいらしていることを知り、東京の裏千家をお訪ねした。ものものしいようすにとても面会は無理だと思ったが、勇気を出して宗匠との面会をお願いすると、案の定あっさりと断られた。今一度事情を説明しお願いすると、かなり待たされた後、宗匠のいらっしゃる部屋へ案内され、久々の再会が叶ったのである。おかげで勝子は宗匠とお懐かしく嬉しいひとときを過ごすことができた。

その後一度、勝子は章の研究所設立の寄付活動のため帰国の折、チューレン大学学長ケリー夫妻をご案内し、京都で裏千家をお訪ねした。

初めてニューオーリンズでご夫妻にお会いして以来五〇年近く、裏千家とは今なお毎年クリスマスカードの交換が続いており、友好を重ねている。

生け花インターナショナル

ニューヘイヴンで生け花を教えてから少し自信がついた勝子は、ニューオーリンズでも同じＹＷＣＡで生け花を教えた。それからあちこちのガーデンクラブからも要請を受け、子供たちをシッターに預けていろいろな所で生け花のデモをしたり指導したりして喜ばれた。

チューレン大学にも婦人会にガーデンクラブがあって、勝子はそこでも生け花を教えた。なかでもチューレン大学学長ロングネッカー夫人は学長宅を解放して生け花の教室を提供したり、お嬢様を着物姿で茶道のデモンストレーションに参加させたりして、積極的に支援してくださった。

勝子はまた新聞記事になったりテレビで生け花やお点前をしたりして、ニューオーリンズでも生け花や茶道の取り持つ縁でたくさんの知人や友人ができた。

YWCAのクラスの生徒のなかにティースデル夫人という上品な女性がいた。彼女はスタンダード石油会社社長の奥様で日本文化にたいへん興味をもち、これを高く評価していた。彼女は、当時東京に生け花による国際的な団体、生け花インターナショナルを創設したアラン夫人の友人であった。ティースデル夫人はアラン夫人からニューオーリンズにその支部を作らないかと誘われていた。それでティースデル夫人は、生け花の先生である勝子に、ぜひ一緒に支部を作りましょうと声をかけてきたのである。勝子は先生とは名ばかり、実力もないからとお断りしたが、たってのお願いとあって設立のために力を貸すことになった。

米国にはガーデンクラブという全国的な団体がある。このグループはニューオーリンズにもかなりの数あって、年々展覧会でフラワーデコレーションを競い合う。夫人はそのグループの審査員《ジャッジ》というお偉方に話し、彼女たちの理解と協力を求めることから始めた。ところが一九六一年、その話し合いの半ばにして勝子は日本へ帰ることになった。章のJ1ビザの期限が来たのだ。

四年後の一九六五年二月末、ニューオーリンズに舞い戻った勝子は、ティースデル夫人と支部設立の動きを再開した。

一九六六年九月、晴れて生け花インターナショナル支部は実現の運びとなった。第96ニューオーリンズ支部の発足会には、当時安達流家元・安達瞳子先生が東京から本部代表でご出席くださり、市の中心部にあるインターナショナルハウスで盛大に行われた。

4 札幌の日々

いよいよ帰国

結婚し、夫婦として新しい生活をはじめ五年を過ごし、二人の子供を授かった米国、もはや「住めば都」となったニューオーリンズを去るのは耐えがたく、後ろ髪引かれる想いであった。ティースデル夫人は何とか私たちを引き止めたいと運動してくれたが効なく、一九六一年の夏、私たち家族四人は帰国することになった。

せっかくの機会なので列車で米国を横断して、ロサンゼルスから船で帰ることにした。米国での鉄道旅行はこれが初めてであった。私たちの乗った寝台車は、昼は壁に収まる折りたたみ二段ベッド付でトイレまでついているアパート並みの客室であった。おかげで他人を気にすることもなく、子供たちが自由に動けるので快適な旅ができた。

一昼夜かけてロサンゼルスに到着。ロサンゼルスでは章の大学時代の学友たちにお世話になって、子供たちと一緒に待望のディズニーランドやナッツベリーファームで遊んだ。二人の子供は一五か月違いでどちらもまだおむつがとれておらず、まるで双子のようにいつも一緒に重なってバギーに座っていた。

ロサンゼルスからは貨物船に乗って太平洋を横断する。勝子が渡米した時も貨物船であったが、貨物船は客船よりずっと客の数が少ないので子供連れでも気がおけず肩も凝らない。しかし、毎日小さな船室に缶詰では子供たちが退屈する。可哀想だと章は子供たちをよく甲板で遊ばせた。

ある日、デッキゴルフをしていた。すると突然ゴルフの球が甲板の端へ飛んだ。それを長男が追いかけた。びっくりした章は大急ぎで子供をつかみ引き寄せた。肝の冷える思いであったという。また、時折しけが来た。船に弱い勝子は船酔いで食事が喉を通らない。ところが健啖家の章は、ほどよい揺れにいつもより食欲旺盛、船旅で体重が増えたのではないかと思われるぐらいだった。

一四日の航海を終え、やがて船は横浜港へ到着した。懐かしい親戚知人が大勢笑顔で迎えてくれた。広いアメリカから帰った私たちの目には、日本の町がごちゃごちゃして、ちんまりと映った。

札幌の助手生活

日本へ着いてから章が新しく赴任する北海道大学へ行くまで、しばらく間があった。東京に家がない私たちは、取りあえず分散して親戚の世話になることにした。皆にとってこぶ付き家族はさぞ迷惑であったと思うが、気持よく受け入れてくれて本当にありがたかった。やがて章は北海道大学へ赴任するため、ひとり札幌へ発った。勝子と子供二人は、東京の勝子の従兄妹山本家と章の兄妹、由良、中江、有村の家を転々とした。一刻も早く北海道へ行きたい。勝子にとって、この間の数か月は大変長く感じられた。

夏が終わりやがて朝夕の冷え込みが感じられるようになった一〇月初め、待ちに待った章から北海道へ来るようにとの便りがきた。勝子にとって北海道は大学時代友人と一度旅行しただけで、なじみのない土地であった。もちろん北国での生活がどんなものか、想像もつかなかった。ただ家族が一緒になれることが嬉しくて、幼子二人を連れて勇んで札幌へ向かった。

初秋の札幌は肌寒い。章が借りた家は、札幌市の北の端、北31条東2丁目で、北海道大学の教職員が住む大学村の近くであった。家の前には刈り取られたトウモロコシ畑が広がっていた。新築とは名ばかりで上下一部屋の二軒長屋、壁越しに隣りの鼾が聞こえる安普請であった。水道もガスもない粗末な家で、もちろんお風呂も電話もない。米国で結婚し、暖かいニューオーリンズでの比較的便利な生活を経験した私たちにとって、札幌の助手生活は決して楽ではなかった。

水道のない新しい借家で、子供たち二人のおむつを手で洗うのは大変だろうと、章はなけなしの大金をはたいて、その頃まだ珍しかった電気洗濯機を買ってくれた。しかし井戸に電動式汲み上げポンプもない家で、勝子は洗濯機と競争で井戸のポンプを手で漕がなくてはならなかった。便利というより重労働であった。

トイレは狭くて大きな穴を子供たちが怖がった。お風呂もないので近くにある大学村の銭湯へ行くことにした。ところが、子供たちは、米国の一人風呂になれていたので銭湯が苦手だった。しかも、銭湯のお湯が熱すぎる。そのためすっかり銭湯嫌いになってしまい、銭湯の前に行くと大声で泣いてどうしても入らない。幸い札幌にはどの家にも石炭ストーブがあって常時お湯が湧いている。子供たちはお風呂のある家へ移るまで、このお湯で毎日たらい風呂を使った。

私たちの家の前は広い畑で、近くにあまり建物もない人里離れた田舎であった。郵便局はバスに乗って一停留所先の26条まで行かなければならない。このため簡単に郵便物を出すことができなかった。今のように携帯電話のない時代だ。電話もまた簡単ではなかった。個人の家はちょっと気がとがめるので、近くの事務所で借りることにした。冬は雪解けの泥道を歩いて近所の事務所へ行く。ところが電話は事務所の入り口から遠い。入り口でまず「恐れ入りますがお電話を拝借したいのですが」。「奥にあります。どうぞ」。「有り難うございます」。次にその先の人に挨拶。こんな按配で、電話にたどり着くまで同じ挨拶とお辞儀をくり返さなければならなかった。

姑の助けと苦しい家計

勝子にとって何よりも大変だったのは、二歳半と一歳半の男の子の世話であった。毎日ヒステリックになって、二人の面倒を見るだけで疲れ果ててしまった。そんな時、小さい子がいて大変でしょうと章の母（清子）が助太刀にやってきてくれた。

人生の酸いも甘いも体験してきたこの義母は、何も言わなくとも育児、家事全般について勝子の手の届かぬところを埋めるようにして助けてくれた。毎日のように、手を叩く姑の周りを子供たちが喜んで走り回っていた姿を今も鮮明に思い出す。小さい頃、実の母をなくした勝子は、優しくて何でもできる姑をすばらしい女性と尊敬し、心から慕い自分も姑のようになりたいと願った。

当時、助手の給料は手取り二万一千円で、家族四人の生活費は厳しかった。こんな時、北国故の石炭手当八千円はありがたかった。台所は火の車だった。勝子はいつも安物をあさり、もっぱら一山幾らの野菜を買った。お肉にはとても手が出ない。蛋白源はもっぱら魚介類、それも高級魚ではない。その頃、主に飼料に遣われていた安価な魚、ホッケを一箱（百匹）買ってきて、それを母と二人で開いて、塩漬け、粕漬け、味噌漬けを作った。そして毎回塩抜きをして、今日は塩焼き、明日は天ぷら、翌日は鍋物などと毎日アレンジして食卓を賑わせた。

小さい二人の子供たちには栄養のためにと一日一合ずつ、計二合の牛乳をとることにした。彼らが呑んだ後、その瓶をすすいだ水はコーヒーに加えて大人が飲んだ。当時、子供たちが嬉しそうに牛乳瓶を抱えている写真がある。毎日のお昼は、たいてい前夜のみそ汁の残りで作ったおじやで、子供たちは「うじや、うじや」と喜んで食べた。朝、みそ汁に使っただしじゃこは、小さく刻んでマヨネーズとあえて昼のサンドイッチとなった。もちろんバターなど口にすることはない。

当時、『朝日新聞』にどうしたら家計費を節約できるかという記事が出たが、そこに書かれていることはすべて勝子がすでにやっていることばかりであった。

それでも姑と一緒に迎えた初めてのお正月は、姑が作ってくれた鹿児島の酒寿司で、ささやかながら家族揃って楽しく祝うことができた。

章の椅子

安月給の影響は食べ物だけではない。私たちはいろいろと生活全般に工夫をしなければならなかった。外国帰りの私たちには、家具らしいものはない。当時、日本では家具を作るなどとても考えられない時代だった。

札幌へ来て間もないある日、章は年老いた母のために長椅子を作ると張り切って、新しい木材を買ってきた。

アメリカでは日曜大工が盛んで、便利な大工道具が容易に入手でき、素人でも簡単に家具の手作りができるようになっていた。章もニューオーリンズでは、荷物を運んできた木箱を改造して棚や机を作ったり古い家具を修理したりしていた。元来器用で物作りが好きな彼は、学生時代、大工の家に下宿していたので、見よう見まねで大工仕事を覚えたようである。彼の作ったものは、結構使い勝手がよくてたいへん助かった。

そうした自信もあって、日本でもやれると考えたのであろう。やがて椅子の骨組みができあがり、勝子が座面に綿と別珍でクッションをつけた。粗末ながら新しくてかわいい椅子ができあがった。

「さあ、お母さん座ってご覧なさい」。章は誇らしげその椅子を指差しながら母にいった。ところが、太ってもいない姑が座ったとたん、その椅子はメリメリと壊れてしまったのである。

その後二度目に渡米してから、章の大工の腕はかなり上がった。棚や大きな食卓、子供のために引き出し付きマホガニーの机、窓に釘なしではめ込みの障子まで作った。やがてアパートを購入し、これを改築することになった時に、章の大工の腕は素人の域を越し、一〇ばかりのドアを取り付けてくれた。最後は勝子のためにスタジオを設計してくれ、建設は専門家に任せたものの、その中二階に勝子と二人で床の間付きの日本式茶室まで造った。

しかし、このように厳しい家計の生活を見かねた姑は、心配して章に「これでいいの?」と何度も聞いた。章もまた、一時は臨床に戻ろうかと真剣に考えたようである。

幼稚園

札幌へ来て一年余り立った時、近くの知人の家が空き、そちらへ移ることになった。ストーブのある広い板間と畳の部屋が三室、お風呂やモーター付井戸のある一戸建てである。

引っ越しの日は大学の先生や学生が教室をあげて手伝いにきてくださって、大変助かった。石炭を運ぶのが大変だったと先生方がおっしゃっていたが、ともかく皆さんのおかげで、私たちはやっと人並みの生活が送れることになった。

新しい家の近所には、同じ北大へ勤める職員の一家が住んでいて子供たちの遊び友達もできた。近所の奥さんは米国生まれの子供たちが互いを呼び捨てにするのを聞いてびっくりしたようだ。

やがて子供たちが幼稚園へ行く年齢となった。近くに北大の官舎大学村があり、幼稚園もその中にあったので、そこへ入園させることにした。

近いと言っても、子供の足で歩いて約三〇分ばかりかかる。当初は、姑か勝子が送り迎えをしていたが、慣れると二人は仲良く手をつないで田舎道を歩いて通園するようになった。

初めは言葉が通じなくて先生も困ったようだ。とくに内気な長男・次郎は、ますます無口になった。彼は初めての言葉として英語を話し始めた矢先に、日本に連れてこられたので、日本語への切り換えはそう簡単にはいかなかったようだ。幼稚園の先生から「知恵おくれではないですか」と言われて、これを聞いた姑は大変憤慨した。

幼稚園は大学村を通り抜けて行く。当時大学村には、勝子の大学時代の同窓生が数人住んでいた。とくに薬学部教授の関口夫人となった旧姓小山さんは同級生で、関口家には「ゆっちゃん、じっちゃん」というかわいい男の子が二人いた。わが家の子供たちと同年でいい遊び相手だった。幼稚園の帰りによく子供と一緒に関口さんのお宅へ立寄り、奥様と世間話をしながらお茶をご馳走になった。貧しかった勝子には、ミルクやレモンを入れて出された紅茶が大変な贅沢に感じられ、同家で過ごした豊かな時間は忘れられない。知人の少ない土地で関口さんの存在は、勝子にとって大きな心の支えでもあった。

関口さんのお向かいは歴史の大家、矢田俊隆教授のお宅で、矢田夫人もまた勝子の大先輩である。上品で美しく優雅な矢田夫人とは時折通りすがりに話を交わした。勝子は夫人が畑仕事をしながら、まだ珍しかったアスパラやセロリの話をしてくださったことを今も懐かしく思い出す。当時小学校四年生だった先生のご長男・矢田俊彦氏は、後年自治医科大学生理学部教授となり、章と研究上の深い交流もするようになった。ご縁というものであろう。

雪国では夜大雪が降ると、翌朝はまさに一面銀世界で、玄関の戸を開けることもできなかった。雪掻きをしてやっと玄関の戸を開けることはできたが、つららが屋根から下りて外が見えない。雪の重さで屋根が落ちないかと心配するほどであった。こんな大雪の日は、夜のうちに除雪車が出て積もった雪を道の両脇にかき上げていった。かき上げられた雪の山は、子供の背丈ほどもあった。

こんなある朝、いつものように子供たちは二人で幼稚園へ出かけた。除雪車の通った後は道の両側に小高い雪山ができる。大人ならひとまたぎのその雪山は、小さな子供たちには超えられない高さであった。兄弟はじっとたたずんで大人が来るのを待った。そして通りすがりの人に助けられて雪山を超えたという。勝子はこのことを後で知った。今では考えられない平和なよき時代であった。

その頃は、まだ既製服が出回っておらず、注文服は高価だった。助手の月給ではなかなか買えない。勝子は浜松の実家から足踏みミシンを送ってもらい、電気モーターに切り変えた。これで章や自分の洋服をばらして子供たちにお揃いのスモックや洋服を何枚か縫い上げた。このミシンは勝子が小学四年生の時、父が取引先からいただいたもので、縫い物好きの勝子は終戦後もののないとき、父親の古いシャツなどのリフォームに愛用していた。この後、このミシンはアメリカでも大活躍することになった。

NIHの研究費と日々の暮らし

引っ越してしばらくすると生活も落ち着いてきた。さらにありがたいことに、章はNIH（アメリカ国立衛生研究所）の研究費を取得できたのである。おかげで家計はずいぶん潤い、生活にも余裕ができた。そして時には大学の先生方を拙宅にお招きして、三平汁などで食事をご一緒した。おかげで勝子は日本の主婦の「家内」や「奥さん」といった通念が強いる缶詰生活から解放されたのであった。

家計にゆとりができると、音楽好きの章は、ぜひ子供たちにピアノを習わせたいという。勝子は実家からピアノを取り寄せると、章は早速大好きなショパンを弾いていた。子供たちは章と同じ北大医学部の齋藤孝義先生の奥様に、ピアノを習うことにした。彼らは色付きの楽譜で楽しそうにピアノを弾いた。こうした日々は、後日彼らがピアノやバイオリンを弾いて生涯音楽を楽しむ基礎になったと思う。

当時、日本ではまだ水洗便所が普及しておらず、ほとんどの家庭はおつりの来る日本式トイレであった。勝子の小さい頃は数か月に一度、近郊の農家のお百姓さんが汲み取りにやってきた。お百姓さんは畑でとれた大根や白菜などをリヤカーに積んで来て、汚物をくみ上げた後「ありがとうございます」と言って野菜を置いて行ったものである。

札幌では、すでにそのような習慣はなくなっていたが、数か月に一度、汲取車がやって来て太いパイプで汚物を汲み出していった。その臭いこと、なんともいえない独特な臭いが家中に充満した。その悪臭を消すために、姑はストーブにお醤油をかけて焦がすことを教えてくれた。焼き餅の香ばしい匂いと混じり合った状態は、何とも表現できない異様な匂いではあったが、確かに悪臭は軽減された。今では考えられない笑い話である。

しかも日本家屋のトイレは隙間だらけで、寒い冬、風の強い日は下から悪臭とともに冷たい風が舞い上がり、雪の日は窓の内側まで雪が入って凍る。章は年老いた姑が冷たい風にお尻をさらして血圧が上がっては行けないと心配して、狭いトイレにヒーターを備え付けた。

当時、家には冷蔵庫がなかった。ある時千葉の兄がやって来て、当時珍しいジューサーをお土産にくれた。早速果物ジュースを作りたいと思ったが、家に氷はなかった。近くに氷屋もないのでご近所へ氷をもらいに行った。お隣りの奥さんは快くあるだけの氷を分けてくださった。とはいえ、小さな冷蔵庫の氷凍庫にあった氷は、両手に納まるほど少量であった。それでも一同大喜びでジュースを賞味した。その美味しかったこと！

今では氷があるのが当たり前、しばしばこれを無駄遣いしているが、札幌の当時を思うと罰が当たりそうである。

ビンクリーさん来日

私たちが札幌へ移って間もなく、懐かしいニューオーリンズのママ、ビンクリー夫人から手紙が来た。お嬢さんと一緒に札幌へ私たちを訪ねてくるという嬉しい便りであった。とはいえ、せっかくアメリカから訪ねてくださっても金銭的余裕はなく、おもてなしのすべもなかった。どうしたらいいか正直悩んだ。

しかしビンクリーさんが私たちを温泉にご招待くださるというのだ。北海道にはたくさん有名な温泉がある。でも経済的にゆとりのない私たちには温泉旅行などの贅沢は夢のまた夢、一度も温泉へ行ったことなどなかった。

札幌へやってきたビンクリーさんに、初めて有村の母を紹介した。ふたりの老婦人は言葉は通じなくても、会ったとたん旧知のごとく心で話しているようであった。ビンクリーさんのご好意に甘え、勝子は二人の子供たちと一緒に、定山渓温泉へ行き一泊した。ビンクリーさんのお嬢様ムーニー夫人は、お父様譲りの学者タイプで、少ない言葉の端はしに勝子を気遣う暖かな想いやりがあって、とても嬉しかった。たった一日ご一緒しただけであったが、思い出に残る楽しい一日を満喫した。

生け花インターナショナル札幌支部設立

米国で生け花を教えてみて、勝子は自分の生け花の実力不足を痛感した。そして米国人が生け花のどこに惹かれて何を知り、何を習いたいかもわかってきた。

札幌でもぜひ草月流と池坊流のお稽古を続けたいと願ったが、当初、経済的にもゆとりがなくなかば諦めていた。しかも小さい子供が二人いては、なかなか時間もない。こんな時、章の母が背中を押してくれた。

勝子は早速、東京の州村公東先生から草月流の札幌支部長、佐々木秋放先生をご紹介いただいた。優しくて奇麗な佐々木先生は、たおやかなお姿のどこに匿されているのかととまどうほど確固とした鉄の魂を持っておられる。実力も実行力もあってすばらしい指導者だった。三年半の札幌在住中、基本形応用形そしてオブジェまで、ていねいにご指導いただき、勝子は指導者としての生け花の実力をここで身に付けることができた。

初めて華展に出品することになり、作品製作のためにご自宅へ伺った時のことである。いつもは優しい先生が、勇ましいお姿で溶接工にきびきびと指示をして大作の花器の骨組みを鉄や木で制作されているお姿を見た。今まで本でしか見たことのない大作ができあがっていくさまを目の当たりにし、勝子は驚嘆するばかりであった。当時、先生は大作をよくデパートや商店街に生けられた。そんな時、勝子にも声をかけてくださって、夜中までお手伝いした。こうして教場では習えない貴重なご指導を受けることができた。

一方、池坊の生け花のお稽古も続けた。池坊の先生は勝子が古典の立花や生花ばかりを生けるので「あなたはなぜ自由花を生けないのですか」と不思議そうにおっしゃった。

当時、日本では生け花のような伝統芸術の世界はまだ封建的な閉鎖社会で、生徒が他の流派にも出入りすることをよしとしない風潮があった。勝子はそのような摩擦をさけたのである。

生け花教室へ通い始めて間もないある日、勝子は佐々木先生にティースデル夫人のこと、生け花インターナショナルのことを話し、札幌にもその支部を設立してはと提案した。すると先生もまた同じことを考えていらしたと意気投合した。

早速、佐々木先生は出稽古をしていらっしゃる千歳の米軍基地の米人の奥様や札幌市内の各流派の主立った先生方に声をかけてくださった。英語での規約作製は同じ佐々木先生のお弟子さんで米国生活経験者の大貫昌子さんと勝子が受け持ち、一九六三年、ニューオーリンズ支部に先立って札幌支部が誕生した。

発会式には東京から本部を代表して、以前、佐々木先生のお弟子さんであった二世のメリー杉山が出席した。その後月一回札幌と千歳を交代で生け花インターナショナルのプログラムが始まった。英語が分からないメンバーのために、勝子はもっぱら通訳を務めた。千歳の米軍基地で本式のクリスマスをしたり、札幌のデパートで華展をしたりしたこともある。

姑は、勝子が生け花を習いたいという希望を理解し、喜んで子守りをしてくれた。おかげで子供たちを安心して姑に任せ、生け花のお稽古に精を出すことができた。感謝である。年取った姑は苦情ひとつ言わなかったが、二人の幼児の相手はさぞたいへんだったろうと勝子は今にして思う。

後日、母の日記に「勝子、今日もお花」と毎日のように記されているのを見て、申し訳なかったと、悔やむことしきりだった。しかし、その後、私たちの人生にこの生け花がどれほど役に立ったことか、これ皆、姑のおかげというほかない。

章の母親孝行

優しくて母思いの章は、彼女が北海道にいる間に一度ぐらいは旅行をさせてあげたいと、ある時二人旅をすることになった。旅に和服は大変だからと母はデパートで洋服と帽子を買った。当時七〇歳以上の女性は、たいてい和服であった。姑が試着してみると、彼女には洋服がとても似合い、ことに帽子は大変モダンに見えてデパートの売り子が驚くほどであった。二人は数日摩周湖の方へ旅立った。この旅行は姑にとってどんなに嬉しかったことかと、姑の年齢を越えた今、勝子は改めて、章は本当に良いことをしたとつくづく思う。

章の母は才女で、趣味に謡、三味線、和歌などがあり、ことに墨の筆字は師範なみであった。子供の手が少し離れたのを機に、勝子は母に頼み込んで、二人で机を並べ静かに筆を走らせ、お習字の手ほどきを受けた。姑は勝子に優しくていねいに教えてくれた。おかげで勝子は昔の字体も少しは読めるようになり、下手ながら俳句や和歌も手がけるようになった。

米国で結婚した勝子は、二人の幼子の子育ての応援にきてくれた章の姑と札幌で初めて一緒に暮らすことになった。未熟な嫁は、姑の目に余ることもあったと思う。今思うと恥ずかしいこともずいぶんしたが、姑はいつも黙って見守っていてくれた。

嫁姑の問題は古今東西いずこも同じだ。しかし勝子はこの姑から叱られたことがない。寛大で優しく、一家の成長を温かく見守ってくれるすばらしい姑であった。

人生の教訓

姑が来て間もなくの頃だった。未熟な勝子は章に向かって些細なことで姑の苦情をいった。若気の至りである。すると章は、姑と勝子を自分の前に呼んで「お互いに不満があったら陰で言わないで皆の前で言ってください」と厳しく言った。

それ以来、わが家で嫁姑の問題はいっさい生じなくなった。章は、お互いにフランクに話し合うことが人と人との交わりをスムーズにすると信じ、これを実行した人である。結婚以来、勝子は章が人に面と向かってかなり厳しいことを言うのを目にしてハラハラすることは一度ならずあったが、人の陰口をこぼすのを聞いたことは一度もない。

「お宅はお姑様とてもうまくやっていらっしゃるようですが、秘訣は何ですか」と、ある時ご近所の方から尋ねられたことがある。

「それは秘密を持たないこと。何でも隠さず話し合って相手の立場を理解しあうことだと思います」。

これは勝子が章との結婚生活から学んだ大切な教えの一つである。

5 シャリー博士にノーベル賞をもたらしたLHRHの解明

ビザなしで二度目の渡米

一九六四年、章が北大で助手として働いていた頃、以前米国で知り合ったシャリー博士から一通の手紙が届いた。渡米の要請である。シャリー博士はこの時テキサスのベイラー大学からニューオーリンズのチューレン大学へ転任し、新設されたペプチド研究所の所長に就任したばかりであった。化学者の彼にとって、研究上どうしても生理学者が必要であった。それで章に白羽の矢を立てたのである。

章は再度渡米するなら、永住権をとるつもりであった。当時日米間の協定でグリーンカードを取得できる日本人の数は、年間百余人と決められており、希望者が多いため順番待ちで私たちが渡米できるまでには、かなりの時間を要する模様であった。

しかしシャリー博士は当時、研究をめぐってギルマン博士と熾烈な競争をしており、一刻も早く章に研究チームへ加わってもらいたいと、たびたび要請を重ねてきた。これに答えるため、章は彼の研究室の優秀な、黒島、石田両学生を先に米国へ送り出した。そして章は早期渡米するためのいい手立てはないかと、札幌の米国領事に相談した。

領事はいろいろ調べたうえで「それは難しい問題ですが一つだけ有効な手段があります。もし先生の研究が国防に役立つのであれば米国政府は渡米を許可するでしょう」。

章はすぐこのことをシャリー博士に知らせた。間もなくシャリー博士から連絡があった。博士はこのための物語を考えたのだ。当時米国にとって中国の人口は脅威であった。今進行中のLHRHの研究が中国の人口問題をコントロールするために重要な鍵を握っているというもっともらしい話である。博士はこれを米国政府に提出した。間もなく米国国防省《ペンタゴン》から章に一通の手紙が届いた。その手紙には「有村博士、あなたの研究は米国の国防にとって大変重要である。ビザはいらない、この手紙を持って即刻渡米するように」と書かれていた。

こうして私たちはビザなしで米国へ旅立つことができ、行く先々で特別扱いを受けた。ハワイ空港では子供たちがアイスクリームをご馳走になってご機嫌だった。雪のちらつく札幌から再び緑豊かな南国の街、ニューオーリンズへ帰り着いたのは肌寒い(摂氏六度)、一九六五年二月二六日のことであった。勝子は妊娠八か月、長女を身ごもっていた。

真心の歓迎

空港ではチューレン大学婦人会のガーデンクラブのヴィヴィアン・オーカー夫人が暖かく私たちを出迎えてくれた。彼女は私たち家族を自宅へ連れて行き夕食をご馳走し、一晩の宿を提供してくれた。狭い日本からやってきた私たちには、広々して開放的な米国はまるで天国のようであった。早速旅の汚れ物を洗濯させてもらう。米国の洗濯機は大きくて、洗い上がった物の白さが日本の洗濯機とは段違いだ。家屋もまた広々して大きいので、長男は夜中にオーカー夫人の寝室へ迷い込んだほどである。

翌日オーカー夫人は自ら運転して私たち家族を大学本部のキャンパス近くにある官舎へ案内してくださった。それは彼女とチューレン大学婦人部の友人が私たちのために用意してくれたショットガンハウスであった。通称ショットガンというのは南部独特の建築様式で、ちょうど鉄砲の筒のように狭い間口の前から居間、寝室、食堂、台所と一列に並んだ縦長の家である。日本では京都などに見られるいわゆるうなぎの寝床式家屋に似ていて、南の暑い此の地方ではいちばん後ろの部屋で大きな扇風機を回せば家中を風が一気に通り抜けるという合理的な造りである。昔は間口の幅が課税の対象とされたのでこのような建て方が好まれたとも聞く。それもまた京都に似ているとか。

バレットストリートのその家は、ごく平凡な構えで取り立てた特徴はない。室内はがらんどうとばかり思っていた。ところが、ドアを開けて家へ一歩足を踏み入れた私たちは驚いた。どの部屋も新しくペンキが塗られ、すごく綺麗なのだ。居間にはすでに居心地の良さそうなソファその他必要な家具が入っていて、部屋の片隅には大きなバスケットに鉢入りで満開の真っ赤なツツジが明るく美しい。どの部屋にも新しいカーテンが掛かり、すべて必要家具が整っているようだ。そればかりか、各部屋には心の籠ったさまざまな草花まで飾られている。台所の引き出しを開けるとお箸が用意されており、冷蔵庫にはデザートのゼリーが子供たちを待っていた。こんなにすばらしい歓迎があるだろうか。

オーカー夫人が後で話してくれたところによると、これはチューレン大学のガーデンクラブメンバーが、私たちのために計画した歓迎プロジェクトであった。チューレン大学は本部の近くに百軒ばかり持ち家があって、これを職員に貸している。まず、オーカー夫人が大学に掛け合って家を借りる手配をし、管理人にペンキを塗らせた。ガーデンクラブのメンバーは使わなくなった古い家具や家財を持ち寄り、壊れ物は修繕して塗り替えこれらを寄付した。

先の滞米時に親しくなって以来お世話になっている私のアメリカのママ、歴史学の教授ビンクリー博士夫人は、すでにサンアントニオへ引退しておられた。しかしオーカー夫人がこの家の全部の窓のサイズを測って彼女に知らせたので、マンB（ビンクリー夫人の愛称）はそれにあわせてすべてのカーテンを縫って送ってくださったという。中古のタオルやシーツもメンバーの寄付であった。日本人の一研究員家族をこのように暖かく迎えてくれたチューレン大学婦人部の人々の友情に、私たちは感激するばかりだった。

子供の入学と長女の誕生

子供の教育は親の大きな責任である。私たちの借家は大学にもニューオーリンズ市の公立小学校にも近かった。大学職員の子弟が多く通うそのラシア小学校は、市内でいちばん程度が高い公立のモデル校と言われていた。幸いにも子供たちはその学校へ通うことになった。しかし慣れるまでしばらくかかり、分からない英語にはずいぶん苦労した。

とくに内気の長男は分からなくても黙っているのでますます籠りがち、これに反して次男は分からなくても「日本語で話してよー」と言えるだけ開けっぴろげで友人もすぐできた。米国では日本人の子供が学校へ行けず親が手を焼くということをよく聞くが、幸いそういうことはなかった。

子供たちは友人がふえると外で遊ぶようになり、誕生会やその他楽しい行事にも参加するようになって、しだいに英語力がつくとともに学校生活を楽しむようになっていった。

五月初め、勝子は以前お世話になった同じ産婦人科の医師と大好きだった同じ病院で、予定どおり安心して無事長女を出産した。上に二人の男の子がいたので、その世話をしてくれる人が必要であった。米国には個人の家に来て赤ちゃんの世話をする看護師がいると聞いて、友人に紹介してもらった。ウィルミーナと言う黒人のその看護師は、大きくて太っておしゃべりで陽気で良さそうな人であった。彼女は手慣れた手つきで赤ん坊を湯浴みし、おむつ代えから食事の支度、上の子供たちの世話まで、あわてず騒がず面倒を見てくれてとても助かった。男の子と違って女の子は着るものも華やかでかわいい。おかげで勝子は長女・美香の育児を楽しむことができた。

ハリケーン・ベッツィー

ニューオーリンズはのんびりしていい街だが、残念ながら毎年のように名物のハリケーンがやってくる。メキシコ湾で発生するハリケーンの卵が湾を北上する間に熱で膨張し、アメリカ本土に着く頃にはかなり大きく力のあるハリケーンになる。その規模は、日本の台風より一回りは大きい。折しも私たちが二度目に渡米した一九六五年の初夏、ベッツィーと名付けられたハリケーンがニューオーリンズ市を直撃した。長女が誕生して間もなくのことであった。

いよいよハリケーンがニューオーリンズへ上陸すると報じられても、初めての体験でどのような備えをしたらいいのか皆目分からない。勝子は右往左往した。しかし、章は日本での台風経験をもとにテレビ放送を聞きながら、まず食料確保、水の用意、次に子供を安心させて寝かす。古い家だから天井が高く窓ガラスが大きい。ガラスが割れても大丈夫なように自分たちのベッドを子供たちの寝ている部屋の窓ガラスへ立てかけてぴったり塞ぐと、後は二人で寝ずの番であった。

ハリケーンは夕方から力を増し、風の音から戸外ではかなりの物が吹き飛ばされているようだった。強風が来るとゆらゆら揺れる日本家屋と違って、米国の家は「ドン、ドン」と何か大きな物で叩かれるように地響きを立てる。夜中に近くで大きな物が崩れる音がした。次はわが家かも知れない。二人はじっと耳を澄ませ子供たちを見守る。明け方に風は治まった。

ほっとして外へ出る。スレートの屋根瓦が道一杯に散らばって、隣りのトタン屋根のガレージがぺっちゃんこになって跡形もない。夜中の大きな音はこのガレージの崩れる音だったのだ。電気もガスもこない。道を運転できるように片付けてスーパーマーケットへ急ぐ。

肝心のパンは売り切れ、仕方なく自分でパンを作る。勝子が小麦粉をこねてパンを作ったのはこの時が初めの終わりである。乳飲み子のミルクを保存するためにどうしても氷が必要だが、スーパーにはあるはずもない。章は研究所へ実験用の氷を取りに行ったが、すでに誰かが持ち去った後であった。

私たちはそれでもまだ若かった。車を運転して街のようすを見に出かけた。家の近くにある大きなチューレン大学アパートの壁のタイルが剥がれていた。以前私たちが住んでいた八階建ての家族用アパートだ。公園には多くの木が根こそぎ倒れている。数本の樫の大木が倒れているのには肝を冷やした。

翌日の新聞には市の中心にある繁華街、カナルストリートにはアヒルやワニまでも現れて、ヘビに噛まれた人が病院へ担ぎ込まれたという。南国らしい話である。拙宅には幸いにもガスと電気が引かれており、ガスは早く戻ったので煮炊きに不自由したのは数日であった。電気だけの家庭では一週間も不便で不安な生活を強いられたのである。

以来ハリケーンは大なり小なり毎年のようにこの地方を襲い、夏になると今年はハリケーンが来ませんようにと皆は祈る。ハリケーンの被害はさまざまである。ある日本人女性は、箱一杯の日本の着物が全部水浸しになって着られなくなったとか、車が使えなくなったとか大変な被害を被った。しかし、命に別状なければよしとしなくてはならない。

米国人は、街が水浸しになっても小さなハリケーンであればボートをこいだり、水着で遊んだりと、案外平気で悲壮感がないのが救いである。

一九九五年一〇月、ちょうどニューオーリンズで章が大会長をつとめる学会（VIP/PACAP関連ペプチド国際シンポジウム）が開かれていた時、ハリケーン・オパールがやってきた。この学会へ出席していた章の友人から電話があってレストランが閉鎖されて食べるところがないという。私たちは狭いわが家へ友人はじめその他大勢を招き、勝子の手料理をご馳走した。グループにはハリケーンがなかったらお目にかかることはなかったであろうと思われる世界的な学者も幾人かおられた。

日本語学校

外国で子供を育てる時、言葉は大きな問題である。日本人として子供たちが母国語を話すだけでなく読み書きができるようにと願うのは当然であろう。家では子供が小さいときからできるだけ日本語を使うように心がけてはきたが、米国人の友人と遊ぶようになり米国の学校へ通うようになると、子供たちの言葉が急速に英語に変わり、日本語がしだいにあやふやになって行くのは自然の成り行きであった。

この悩みを当時の領事の奥様に相談した。長南領事も同じ年令の子供さんがおられ、同じ思いであった。お互いに日本語を教える機会を作りましょうということになり、早速毎週末交替でお互いの家を解放し、日本語を教え始めた。家で母親が教えると子供の甘えもあって難しい。いやがる子供たちに何とか日本語を習わせたいと、二人は知恵を絞り、授業の後、子供たちの好物で昼食をするとか好きな水泳をさせるなど楽しいことと勉強を組み合わせて子供たちを励ましながら日本語を教えた。

当時、ニューオーリンズには二百名ばかりの日本人が住んでいた。この中に私たちと同じ悩みを持つ親がいるはずだ。もし当地に日本語学校があれば、子供たち皆に日本語を教えることができるだろう。子供たちも日本人の友達ができればお互いに励みになろう。

勝子は早速、当地に日本語補習校を設立できないかと長南領事に相談した。領事はすぐ外務省から文部省へ連絡を取り、迅速かつ積極的に働いてくださった。おかげで間もなく日本政府からニューオーリンズ日本語補習校設立の許可が下りた。はからずもちょうどその頃、日本の海外子女教育振興財団が世界中に日本人子女のために、日本語補習校の設立を始めていた。

まず、会場が問題である。勝子はその頃、ニューオーリンズの市立公園で生け花を教えていた。その教室には黒板があって大きさも適当と思われた。しかも遊園地に面しているので、樫の大木や池があり野鳥が遊んでいる恰好の場所にある。勝子は公園に交渉して、その教室を使わせていただくことにした。

次は先生である。なかなか適当な人がいない。総領事は「有村さん、言い出しっぺのあなたがやってくれませんか」と言われる。

勝子は英語教師の資格は持っているが、国語はないからとお断りした。それでもどうしてもと迫られ、適当な方が見つかるまでの臨時教師ですよと念をおしてお引き受けした。

集まった生徒は一年生から中学二年生までの一三名。授業は土曜日の午前中二時間、週一回である。

勝子はこのばらつきの多い生徒を短時間に教えるにはどうしたものかとずいぶん悩み考えた。その上、生徒一人一人の状況が異なる。親の一時勤務で渡米し数年後には日本へ帰る子供と、外国生まれで日本語を話すのも難しい子供とでは、語学力の差はもちろん、日本語の問題点が異なり、従って教え方も変えなければいけない。親の学校への期待や要求も異なる。この格差を踏まえてどのように日本語を教えて行ったらいいのか。

週一度でも日本人の子供が一緒に過ごせば、言葉を忘れてしまうことはなかろうし、米国の学校でのように孤立することはなかろう。子供のストレスを緩和できるだけでも意味があるのではないかと勝子は考えて、指導要綱とは異なる授業計画を立てた。

まず取り上げたのは日本の字である。最近の子供たちの字は鉛筆で書くため、はねたり止めたりがなく同じ太さで書かれ、日本字特有の美しさが損なわれている。一年生から日本字の正しい書き方と美しさを知って欲しいと、お習字を教えることにした。

また外国にいると母国の風俗習慣に疎くなりやすい。日本人として自国のことを知ることこそ、将来国際人となる礎である。それで三月三日ひな祭りには手作りの菱形クッキーを持参し、ひな祭りの話をしたり歌を歌ったりした。

学校生活初体験の一年生は、学校を好きになるかならぬかが問われる大事な時で、どうしても多くの時間を取られる。このため上級生は自習が多くなり、気の毒に思っても二時間はあっという間に過ぎてしまう。結局宿題を与えて自習させるようなことが多かった。幸いにも良くできる上級生徒は、苦情も言わずまじめに勉強してくれたのでとても助かった。

また生徒全員に絵日記を書かせることにした。これはとくに低学年にはいい課題であったと思う。私たちの子供も、後日自分の絵日記を見て当時を懐かしんでいるようであった。

その後、手が足りないときは、生徒のお母さんに代用教員をお願いした。母親の代用教員は、親子の理解を深める意味でも好評であった。おかげで勝子も時間ができたので、以後はできるだけ指導要綱にそって授業を進めることを心がけた。卒業式には総領事ご夫妻がご出席くださってお祝いの言葉をいただいたり、全校生徒に賞を与えたりした。

手書きの作文集を作ったこともある。中には日本の雑誌に作文が掲載された生徒もいた。

勝子は章の手伝いを始める一九七九年までの八年間、日本語補習校の先生を務めた。その頃の教え子は、今社会の中堅として活躍している。卒業した生徒から手紙をもらったり父兄から近況を伺ったりしてその後の活躍ぶりを知ることは、教師の特権であり至福の喜びである。教師というこの貴重な体験をさせていただいたことを、今深く感謝している。

アパート

子供が成長するにつれて学費がかさみ、何とかやり繰りしてはいたが、私たちの生活は楽ではなかった。何とかゆとりを生み出す方法はないかと、二人で頭をひねったがいい案はない。

そんなある日、出張から帰った章が「飛行機で面白い記事を読んだよ。最近、家の売買が結構いい収入になるんだって、やってみないか」という。章の言うことは何でも受け入れる勝子は、考えもなく賛成した。

二人は毎週末、市内の売り家を探し歩いた。しかし手ごろな家はそう簡単には見つからない。大学に近いアップタウンは学生の借り手が多いし、学生なら信用できそうだ。しかし今住んでいる所から離れているうえ、ウエストバンクに比べて家の価格が高い。とても私たちには手が出そうもない。一軒良さそうな家が見つかったが、かなり手を入れないと貸せそうもない。当時、私たちには改築するだけの資金はなかった。

土地の人が「他所の世界」と呼ぶウエストバンクは、当時まだ充分開けておらず、家の価格も安かった。なかでもフレンチクォーターの川向う、アルジェリアポイントと呼ぶ地区はウエストバンクでもいちばん早く開けたところで古い家が多く、フレンチクォーターに似た雰囲気である。それに渡し船でフレンチクォーターへは一足だ。下町で働く人たちには好都合で、案外いいかもしれないと、私たちはその辺りから家を探すことにした。

間もなく一軒良さそうな家が見つかった。可愛いいとんがり帽子の屋根のある大きな家で前のポーチは洒落た鉄柵で囲われ、大きな窓には皆シャッターが付いている。ニューオーリンズの典型的家屋で高床式、奥行きのある「ヴィクトリアンスタイル」であった。この辺ではちょっと目立つその家は歴史建造物として登録されており、土地の新聞にも何度か載ったという。その家のあるヴァレットストリートはこの家を建てた大工の名前に由来しており、この家は娘さんのために建てたと聞く。それにイーストバンクの家に比べて格安だ。素人の私たちはこの家がすっかり気に入り、言い値で買ってしまった。

何とおめでたいことか。当の売り手は六か月前にその売値より一万ドルも安く買ったばかりだったと後で聞いた。半年で一万ドルの儲けに彼は笑いが止まらなかったのではなかろうか。私たちはしかし百年を経て自分たちの家となったその古い二階建てのアパートを見上げて大喜びであった。

この家は私たちが初めてニューオーリンズに来た時借りたアパートのように、一軒家を仕切って四戸にして貸していて、そのうち三戸にはすでに住人が入っていた。一階の前のアパートには赤ちゃんと犬を連れた黒人夫婦、二階の前には一人の若い白人女性，後ろには五〇歳ぐらいのおとなしそうな白人の男性、これが私たちの新しい店子《たなこ》であった。

しばらくして下の黒人家族が家を出た。彼らが出た後にはあったはずの冷蔵庫がなくなっていた。素人の私たちにとってはかなりのショックだった。そのうえ、家の中はゴミだらけでどこもかしこも犬の糞が転がっていた。よくまあこんな汚いところに住んでいたものだ。日本人の感覚では到底考えられない。土足で上がる生活をすると、こんなにも汚れに鈍感になるのであろうか。私たちは早速カーペットを取り外し床の掃除をした。

二階の店子は、愛想のいい若くて可愛いい白人女性であった。ある日そのアパートに男が来ていた。友人と言って紹介されたが、次のときは違う男であった。そのうち彼女にはこのようなボーイフレンドが幾人もいることを知り、びっくりした。女友達を紹介されたことはまったくなかった。ちょっと嫌な気がしたが、借家人をそのような理由で追い出すことはできない。家賃を払ってくれれば、よしとしなければ。

二階奥の住人は、こぎれいでおとなしく感じのいい五〇歳前後の白人男性であった。彼はそれから私たちが家を売るまで二〇年近く、この家の住人であった。ほとんど手のかからない良い店子で、いつも一人、もの静かで何ひとつ不満を言ったことはない。時々修理などで留守宅へ入ると、部屋はいつも片付いていた。洒落た棚にお母さんの写真が飾ってあり、ちょっとおかしな男二人の彫刻があった。そして小さなヘアピースがさりげなく置いてあった。薄くなった禿を隠すためであろう。彼はマザーコンプレックスのゲイだったのだ。

このようにアパートのあるアルジェリアポイントは、フレンチクォーターに似て芸術家や変わり者がたくさん住んでいた。

一階の中と後ろ、二つの部屋が空いていた時期がある。後ろの部屋は中庭に面していてプライバシーがあり、住み心地も良さそうだ。ちょうどそのころ、章の研究所で働いていたドイツ人の女性研究員がアパートを探していたので、ここを勧めた。彼女はドイツ人らしく持ち前の洒落た感覚でインテリアを設《しつら》えて、住み心地の良い部屋にした。彼女はここへ研究所の友人たちを招いて裏庭でスライドの映写会をしたり、手製のジャーマンチョコレートケーキでもてなしてくれたりした。

そのうちに前の空室へ入居希望者が来た。若い二人の白人女性でフレンチクォーターの有名なコーヒー店、カフェデュモンで働いていると言う。ここからフレンチクォーターへ行くには、フェリーの乗り場まで歩いて行けるので便利だ。ところが、ある日、二人の家に見知らぬ男が同居していることがわかった。契約違反である。

勝子が注意するとその男は「自分は法律を勉強している学生だ。こちらから役所へ申し出て訴訟を起こすぞ」と息巻いてくる。

勝子は怖くなった。その上、英語で立ち向かうことは到底できない。近くの裁判所《コートハウス》へ行って、この人たちに出てもらうにはどうしたら良いかと警官に助けを求めた。すると彼は「これを見てご覧」といってピンク色の紙の山を見せた。「あんたばかりじゃないよ。これは皆賃借人に出て行ってもらうための紙だ。あんたの他にもこんなにたくさん問題があるんだよ」と。

今一人の警官にも賃借人が冷蔵庫を持ち去ったことを愚痴ると、「そんなのざらにあることさ。私の家の間借人はカーペットまできれいに剥いで行ったよ」と笑っていた。

その後一階の店子は、夜逃げのようにして家を出ていった。この問題がやっと片づいたころ、中のアパートを借りたいとメキシコ人の若い男がやって来た。見たところこぎれいで、言うこともしっかりしていて感じがいい。彼はニューオーリンズ港で船の仕事をしていると言う。彼の入居後、勝子はアパートへ行くとよく彼の部屋に寄って世間話をした。ある時、彼の部屋にきれいな鉢が置いてあった。勝子は何気なく「きれいね。これは何ですか」と聞いた。彼は「マリワナ」と応えた。

当時「マリワナ」は危険の代名詞であった。勝子はびっくりして怖くなった。こんなことを平気でやる人がアパートに住んでいるとは。警察へ知らせなくてはいけないのではないか。この人は幸いその後しばらくしてアパートを出た。

以上のような経験にこりて、私たちはアパートを主に日本からの留学生や研究員に貸すことにした。厚生省の役人家族もまたここを官舎のようにして歴代の留学生が住んでくれた。このアパートに入居したチューレン職員はゆうに二〇人はいると思う。それぞれに思い出があってとても懐かしい。こうして店子の問題は少し楽になった。

しかし、その後、私たちは人生のかなりの時間を築後百年のこの古い家に捧げ、修理や改築をすることになった。

岩盤まで百メートルはあるというデルタ地帯、湿気の多い南国ニューオーリンズでは、このアパートのように水に強い糸杉の木造家屋でも百年も経つとシロアリがついたり、地盤沈下が起きたり、洪水もある。古いアパートの修理には終わりがない。私たちは毎週末アパートへ行き、修理や改造に精を出した。掃除はトイレを含めすべて勝子の受け持ちであり、電気修理や下水、大工仕事は章の持ち場であった。研究所の秘書は週末になると「奥さん今週もまたアパート行ですか?」と冷やかした。

一方店子は、日曜の朝からベルが鳴るので誰かと思って戸を開けると、入口に薄汚い男が立っている。よく見るとそれが有村博士と分かってびっくりし、恐縮することも一度ならずであった。また、店子に手を貸してもらうこともたびたびであった。

学生時代、見よう見まねで大工仕事を覚えた章は、手先が器用で労力を惜しまない。大工仕事の緊張感をこよなく愛し、研究器具もたびたび自分で作ったそうだ。

家でも結婚当初からこまめにいろいろなものを作ったり直したりしてくれて、勝子はたいへん助かった。アパートを買ったころには、章の腕もかなり上達していたので、ちょっとした修理はもちろん、ベースボードを付けたり、曲がった床を真っ直ぐにしたり、壊れたものの付け替えまで、なかなか上手にこなした。

この家はアパートに改築した時、すべてのマントルピースは壁で隠され、天井は釣り天井にかえられていた。章はせっかくだから元の形に復元したいと言う。壁を外すと下から古いタイルが出てきた。よく見ると当時の輸入品のようだ。古い家の改築はこんな発見が楽しみでもある。二人は古物屋から中古のマントルピースを買ってきた。章はそれを器用に組み立てて直し、立派な暖炉に仕上げた。その上に勝子がステインやペンキを塗って仕上げる。できあがると二人はそれを眺めて満足した。

章は天井裏に足場がないと仕事がしにくいと言って、キャットウオークなるものを取り付け、天井裏へ上り電気工事などをやった。天井裏で道具が必要な時は、下にいる勝子が探して手渡す。二人はこんなチームワークで働き、できあがると満足し、その仕上がりを褒め合い喜び合った。

時には子供たちと一緒に働くように勧めても、章にとって勝子の使い勝手のほうが良さそうであった。

ある時、章はアパートの絨毯を取り除いて元の板床に戻そうと言い出した。まず汚れて重い絨毯をとる。すると予期していなかったリノリュームが現れた。そのリノリュームは釘で床に打ち付けられていた。リノリュームを外すと床は釘の山だ。一本ずつ釘を抜くのは大変な仕事だった。釘を抜くと床の表面はがさがさで汚い。それをきれいにするにはヤスリが要る。しかし幾部屋もある床を紙ヤスリで磨く手仕事は、途方もない時間と労力がかかるうえ、仕上げもきれいにはいかない。私たちは石のサンダーを使うと良いと聞いてそれを借りることにした。借りた大きな石のローラーをアパートへ運び込もうとしたが、重すぎて小さな日本人夫婦には床までなかなか持ち上げられない。梃子を利用してやっと高床の家に入れることができた。万歳！　それから石のローラーに粗いサンドペーパーを巻き付けて、ゴロゴロと二人で部屋の中を曳いて歩いた。さすがに能率がよく結構床のざらざらがとれた。次に細かいサンドペーパーで同じように石を転がす。なんとか形になった。しかし白木のままでは使えない。雑巾をかけ乾いた床に先ずステインを塗り、それが乾くとポリウレタンを塗る。乾くまで一日か二日はかかる。乾くと次は百号のサンドペーパーで磨く。次にポリウレタンを塗って乾くまで待つ。乾くとスチールウールで磨く。その上にもう一度ポリウレタンを塗ってできあがり、何と手間のかかることか。しかし仕上がった床を見て二人は満足した。

その後も引き続き同様に他のアパートの床磨きをした。さすがに釣り天井は専門家に頼んで葺き替えをしたが、その天井にモールドを付けたり、壁にベースボードを付けたりは自分たちでした。このアパートの改築にはその他思い出せないほどいろいろ手をかけた。勝子はもっぱらペンキ屋であったが、なかでも四メートル半の天井塗りはかなり応えた。背が低いので長い棒の先にローラーを付けて上を向きながら塗るのだが、時に壁につき当たったりした。よくぞやり上げたものである。若いからこそできたと今にして思う。

もうひとつアパートでの勝子の仕事に、カーテンの縫製やソファの張り替えがあった。元来縫い物が好きで、子供の洋服はほとんど手製だった。ソファの張り替えもピンクリーママに教えてもらって三つまでも張り替えた。ソファの張り替えができれば椅子は簡単であり、カーテンはもっと楽であった。

ある時、章はアパートの一階を改築して、週末の隠れ家にしようと言い出した。かわいい台所に寝室、居間、客間、奥の一間は勝子のアトリエ、バスルームが二つあって雰囲気も自宅とぜんぜん違うので、恰好の隠れ家となりそうだ。そこで雰囲気を心がけ、壁の色は京都の紅壁に似たニューオーリンズ好みの深いエンジ、シャンデリアも取り付けた。この家にふさわしい家具も必要だ。勝子は家具のセールの広告を見ると真っ先に飛んで行っていろいろと物色するのが楽しみになった。

私たちはこの家を別荘のようにして、時にはレセプションをしたり、長逗留のお客に提供したりした。

ある学会で、市内のホテルが満員となり宿がないと困っていたハンガリーの友人にここを提供し、たいへん喜んでもらった。

ある時は、サンアントニオの友人がしばらく休暇で遊びにやってきた。彼らもこの家がお気に入りで一月ばかり楽しんでいった。長女が料理をしているのでこの家をレストランにすることを考えたこともある。フレンチクォーターからフェリーで来た客を馬車で迎えここまで案内し、食事が終わったら送り届けるという夢のような話もあった。こうして私たちの隠れ家はいろいろに活用され、多くの人に喜んでもらえたと思う。

私たちは二〇年にわたるアパートの修理改築を通して大工、左官、電気屋、水回り、ペンキ屋、家具のリフォームなど、住いについてさまざまなことを習い、経験し、楽しんだ。そしてこれらの体験から自分たちで家が建てられるかも知れないとの夢想まで抱くようになった。

ウエストチェスターに買った家を私たちが思うままに改築できるようになり、その台所が

「フード＆ワイン」のコンテストに入賞したのも、建て増した勝子のスタジオの二階に二人だけでいとも簡単に日本の茶室が作れたのも、この長い経験の賜物である。

やがて歳とともに私たちは体力に限界を感じ、ついにアパートを手放すことにした。今もそのアパートは同じ場所に昔のままの姿で建っている。その近くを通るたびに私はここに住んだ多くの友人、店子ひとりひとりの顔や思い出が心をよぎる。そして何より章と二人で働いた日々が甦り、人生の宝として抱きしめたい思いである。

LHRHの解明

一九七一年四月二五日、日曜日の朝、章は研究所へ出かける時

「今日は研究上とても大事なことがあるかも知れない。その時は電話するから、シャンペンを買ってきて、ステーキディナーの用意をしておいてくれ。シャリー先生たちと家で食事をするかもしれないから」と言い残して行った。

「はい」と勝子は返事をしたものの、事情がわからなかったが、その心づもりで準備をした。

昼近く、章から弾んだ声で電話が入った。

その発見は医学上きわめて重要な大発見であり記念すべきことであった。

章の話によると、彼は研究所へ着くと真っ先に、前夜共同研究者の松尾壽之博士が仮説に基づいて合成した試料を入れた試験管を冷蔵庫から取り出した。松尾博士の予想した構造が正しければ、この試料はLHRH（黄体化ホルモン放出ホルモン）の活性を示すはずである。

章は試験管を遠沈して、微量ホルモンの検出装置ラジオイムノアッセイにかけた。そしてはやる気持を抑え、じっと座り込んで結果を待った。

するとLHRHの活性がはっきりと認められたのである。ラジオイムノアッセイの取扱いには自信のあった章の目前に検出された物質は、LHRHにまちがいなかった。それは何年もかけてシャリー博士と共に努力してきた研究が成功したことの証であった。章は世界で初めてLHRHの構造を確証した人間となったのである。

章はこの待ち望んだ成果を一刻も早く松尾博士へ伝えようと彼の家に電話をした。

「松尾は今寝ています」と松尾夫人。

「いや、構いません、起こしてください」と章は強引にお願いした。

「先生、LHRHの活性が認められましたよ！」

「本当ですか！」眠そうな声で電話口へ出て来られた松尾先生は、とたんに目覚めたようで声を弾ませた。

松尾先生は、この試料が失敗したときにそなえて、別の構造を想定した試料の準備をして、前夜は夜中から朝まで働いて自宅に戻ったとのことであった。

興奮さめやらぬまま、章は階段を駆けおりた。階下にいる主任研究者シャリー博士に、この成功を一刻も早く伝えるためである。

「アンドリュー、とうとうやった。祝おうじゃないか」。

章はシャリー博士の手を固く握って握手し、長年の研究成果がついに実を結んだことを喜び合った。

夕方、わが家へシャリー先生ご夫妻と松尾先生ご夫妻ともう一人の共同研究者で有機化学がご専門の馬場義彦先生がお見えになった。

出席者一同は喜びと昂揚感にみたされ、この研究成果を祝ってシャンペンで乾杯した。それは長年にわたるしのぎを削る研究レースを走り抜き、日々積み重ねた努力と忍耐の賜物であった。研究者としてこれ以上の喜びはまたとなかろう。一同にとって生涯忘れることのできない記念すべき日であった。

一九七七年、このLHRHの構造解明によりシャリー博士はノーベル生理学・医学賞を授与されたのである。

日本人会設立

千宗室ご夫妻がニューオーリンズに立ち寄られたさい、領事館主催の茶会にジャパンソサエティの会員や、私たちを招いてくださったご縁で、私たちもジャパンソサエティの会員にも知己を得、やがて入会した。ジャパンソサエティの会員はほとんどがアメリカ人だったが、数名の日本人会員がいて、なかでも江成氏は雑用いっさいを引き受けて会のために献身的に尽くしておられた。

一九六〇年、大木総領事の後任として松尾総領事が就任され、公邸もメテリー墓地の近くへ移転した。松尾総領事が就任されてから、日本人の間でゴルフが始まった。クラブの記録には松尾総領事、平林夫妻、ジェトロの佐藤氏、医師の大島先生と藤本先生など少数の仲間が第三土曜日にゴルフを楽しんでいたとある。

四年間の札幌生活をへて一九六五年ニューオーリンズに舞い戻った時、公邸の場所も松尾総領事も変わっていなかった。しかし四年の間に日本人の数はかなり増え、総領事館の催しでは玉井さん、平林さん、川崎さんなど懐かしい方々に加え多くの新しい顔に出会うことができた。

幸いなことに勝子は、生け花を通して帰国前から親しくなった日米多くの人々と交わる機会があった。家の教室は平林夫人、江原夫人、玉井夫人、富美子ストールさんなどをはじめ多くの方々で華やいだ。

三菱に続いて日本海事協会、全農など日本企業の進出により、当市の日本人の数がますます増えていった。大学でも日本からの留学生を時折見かけるようになりルイジアナ州立大学医学部にも日本から研究者がきていた。

勝子の生け花教室や日本語学校のほか、日本女性の集い「すみれ会」が誕生し、皆でお料理その他を楽しむようになった。ゴルフ仲間は相変わらず総領事を中心に毎週ゴルフのあとは会食しており、一九六四年、当時丸紅の加藤幹夫氏の発案でこのグループは「クレセント・ゴルフクラブ」と命名された。一九七四年、日本人が増えてさまざまな活動を別個にしているよりは、このあたりで日本人会としてまとまった会を作って日本人同士がもっと親しく交わり、お互い助け合おうではないかという話が持ち上がった。

有野総領事公邸で初会合が開かれ、この街に長く住んできた主な日本人の面々、平林、玉井、谷津、江原、川崎、有村に加え、今原老人はバトンルージュから参加した。会創立は一同の望むところ、全員一致でこの案は可決し、ニューオーリンズ日本人会は設立される運びとなった。まず会長を決める必要がある。

「会長にはミスター・ニューオーリンズと言われている平林氏が最適」と柔道の林先生が平林

氏を推挙。平林氏は「どんな会でも初代会長は大切。ついては私などよりは長老の今原氏を推薦します。今原氏はバトンルージュに住んでおられるので知らない人も多いと思いますが、誰より長老で日米両国の言葉もできるから最適です」と今原氏を推薦。

「バトンルージュ在住では出席は難しいから」と今原氏が固辞すれば、「今原氏が初代会長として本年末まで半年でも会長を務めてくだされば、次は私が会長を勤めます」。と平林氏は懇請。その結果、初代会長は今原氏と決定し、平林氏が副会長を務めることになった。

また規約を作らねばと、章が規約係となり、米国内各地の日本人会規約を取り寄せて参考にしながら文案を練り、コンピュータのない頃なので、勝子が手書きで仕上げた。

有野氏に続いて総領事に就任したのが加藤氏。加藤ご夫妻は会の設立を積極的に支援され、とくに日本画家でもあった奥様はご自分の絵をすべて競売にして三千ドルを売り上げ、その全額を会の資金にと寄付された。この寄付金は会の貴重な基金となった。会員一同はこのような加藤総領事ご夫妻を今なお日本人会設立の恩人として心から感謝し敬愛している。

このようにして翌一九七五年、ニューオーリンズの日本人会はめでたく誕生し、発足会には二百人近い会員が出席した。同年五月発のニューズレター第一号によると、第一回総会は五月二〇日午後八時から開催された。

章の恩返しと武勇伝

一九五六年、日本から留学生として渡米した章は、多くの日本人留学生が米国で研究生活を送り、その成果を母国に持ち帰り日本の医学発展に貢献していることを実感した。これら留学生の研究費は皆米国人の税金から支払われているのだ。

日本が戦後の貧しさから立ち上がった今、何かの形でこのご恩返しをしたい。このような気持から、章は日米を軸にしつつも世界中の研究者が力を合わせ、人類の健康に貢献する医学研究所を設立したいと思い立った。

当時、日本は高度成長期を経たのち、第一次オイルショックを迎えたが、しだいに経済も安定してきていた。しかし、一研究所を設立するにはかなり多額の寄付が必要であり、それを個人で集めるのは容易でない。章は日本であらゆるつてを求め、募金運動を始めることにした。

章は日本との文通や連絡に日本語のできる秘書が必要になった。日本人の少ないニューオーリンズでは適当な日本人の秘書を探すことは難しい。

「手伝ってくれないか」と章に言われ、勝子は当初、章の研究室でボランティアで働いた。やがて正規のチューレン大学職員として、パートタイムで働くことになった。ニューカム女子大学美術部卒業後間もない一九七九年のことである（6章参照）。このころは子供も皆家を出ていなくなったので、時間に余裕ができていた。

優しい章は寄付活動のための出張や学会のさい、尻込みする勝子に秘書として一緒に来るようにと言い、病気になってからは「看護師として」と理由づけしながら必ず勝子を同伴した。おかげで勝子は章とほとんど一緒にどこへでもでかけ、章の共同研究者や各界の名士など普通ではとてもお会いできない方々にもお目にかかる機会に恵まれた。

ある年、寄付を募るためにチューレーン大学医学部総長ウォルシュ博士のお伴で日本へ行くことになった。総長の奥様はガーデンクラブのメンバーで勝子は以前から親しくしていた。私たちが二度目に渡米した時、家具やタオル等を寄付してアパートを設え歓迎してくださったあのメンバーの一人である。

私たちは下準備のために総長より一足先に日本へ出発した。ロサンゼルスでは知人の細胞学者・大貫泰さんの家へ夕食に招かれた。大貫さんの奥さん昌子さんは札幌の時、生け花インターナショナル支部設立で一緒に働いた仲間であり長いおつきあいであった。私たちは夜中一二時近くご夫妻に空港近くのシェラトン・ホテルへ送っていただいた。

ご夫妻にお別れして、二人は楽しかったその夜を酔い心地で反芻しながらロビーを通ってエレベーターへ乗り込んだ。と、その時、人っ子ひとりいないロビーを誰かがこちらへ駆けてくる足音を聞いた。私たちは締まりかけたエレベーターの扉を押さえて彼を招じ入れた。

背の高い黒人で白いバルキーセーター、黒い背広上下の身ぎれいな若者が乗り込んできた。警戒心などみじんもない私たちはごく当たり前に自分たちの階でエレベーターを降りて後ろを振り向きもせず「楽しかったわねー」「良いホテルねえ」とか言いながら長い廊下を歩いて自分たちの部屋へ入ろうとした。

その時だった。勝子を先に部屋へ入れかけた章は、ドアを閉めようとしたが閉まらない。賊がドアに手をかけて二人を部屋へ押し込もうとしていたのである。勝子は前に突き倒され、肩にかけていたハンドバッグが前へ滑り落ちた。章が振り向くと目の前にピストルの銃口があった。とっさに、もし撃たれても顔が醜くならないようにと、章は大胆にも銃口を右手で握り締め、その先を顔から反らした。そして空いていた左手で賊の足を抱え込み倒そうとした。勝子はすばやく章と賊の間を滑り抜けて廊下へ出て「ヘルプ、ヘルプ！」と叫ぼうとしたが、声はかすれて音にならない。賊は章の思わぬ反撃にびっくりして勝子の横を一目散にエレベーターへと逃げて行った。勝子は頭を抑えて廊下の隅にうずくまった。立っていては撃たれると思ったのだ。

すると誰かが勝子の肩をたたいた。勝子は飛び上がって逃げようと賊の後を追いかけてしまった。

「勝子、そっちじゃない！」と後ろから章が叫んだ。

二人は恐怖に怯えて隣室のドアを叩いた。夜中の一二時で、すでに客は寝入っているかもしれないが。幸い隣室の客がドアを開けてくれた。私たちはたった今起こった恐ろしい出来事を簡略に説明し、すぐフロントへ連絡した。しかしホテルからは誰も来ない。

しばらくして、ホテルが連絡したのであろう、ロサンゼルスの女性警官がやって来た。彼女は犯人が身なりのいい黒人と聞いて「すぐ下のカジノを調べよ」と電話連絡してから私たちにその時の詳しい状況を尋ねた。

淡々と女性警官に話す章の武勇伝を聞いて、居合わせた者はみな、驚嘆した。この細い体の章のどこに、そんな強靭な精神が潜んでいるのであろうか。これを聞いた警官は「あなたは凄い。あなたのような方が警察には必要だ。一つロサンゼルス警察に入ってくれませんか」と冗談を言いながら出て行った。

その後ある本で読んだのだが、章のこの時とった手段は正しく、警官たちもそのように訓練されているとのことだった。とっさにこのように大胆な手が打てたのは、小さい時日本で習った剣道と剣舞の賜物だと章は言っていた。

翌日フロントで支払いの時、私たちはマネージャーを呼び出して昨夜の事件を説明した。驚いたことに、マネージャーはこの事件を何も知らされていなかった。彼は一言「ご不便をおかけしてすみません」と言っただけであった。

日本でホテル経営をする義妹にこの話をすると、「日本だったら平謝りです。むろん宿泊代などとれません」と仰天していた。

後日チューレン大学医学部総長ウォルシュ博士にこのことを話すと彼は「章、君は勇敢だね！　だけど馬鹿だよ」と冗談めかしながら断じた。

「一歩間違えばお陀仏だったよ！」

ニューオーリンズ国際河川博覧会

一九八四年、ニューオーリンズで国際河川博覧会が開かれた。テーマは「川の世界、水は命の源」。米国第一の河川、ミシシッピ川のデルタにできたこの街にふさわしい催しである。当時市のメインストリートの川に面した一等地にあった国際貿易センターに日本領事館があった。それに隣接して川沿いに世界の国々の展示場のある会場が建設され、街は活気を呈していた。日本館には展示物やレストランがあり、お茶や生け花の展示や実演も計画された。

生け花に関係することはなんでも引受けていた勝子にも、展示場のあちこちに期間中生け花を生けるよう依頼があった。若かった勝子は好きなことであり名誉なことと張り切って引き受けた。

草月ニューヨーク支部長やフロリダ在住の池坊師範たちも博覧会のために当地へやって来た。勝子はその世話係でもあったので結構忙しかった。そのうえ、会場へ花材を運ぶのに大変苦労した。

河川博覧会が成功裡に終わって間もないある日、日本館の係の方から電話を受けた。博覧会に出品したものを日本へ持ち帰るには、送賃手間だけでも大変である。それで大学へ寄付したいとのことであった。在留するものとしては嬉しいお申し出である。

章はこのような件で大学を代表するにふさわしい人物はいないかと探し、チューレン大学考古学教授のフィッシャー博士に事情を話して一緒に出かけた。

フィッシャー博士は、明治初期北大で半年ばかり教鞭をとって「少年よ、大志を抱け」という有名な言葉を残したあのクラーク博士のひ孫に当たる。

展示物は博多人形、岐阜提灯といった各県から出品された特産品であった。それらは主にニューオーリンズ美術館、チューレン大学、森上ミュージアムに寄贈され、残りを日本人会に分けてくださることになっていた。

みかん王、フロリダの森上氏設立による森上ミュージアムは、生け花の展覧会で一度行ったことがある。山の上にある小さいながらよくまとまった民芸美術館で、主に子供向けのものを納めている。

チューレン大学はひな人形や鎧、花嫁衣装など豪華な展示物をたくさんいただいた。章はそれらが飾られていたガラス張りの展示棚まで貰い受けた。さすがである。これらは章の新しい研究所のとなりの建物の一室に飾られることになった。品物が届いてから章と勝子は二人でその飾り棚へ展示物を飾り、キャプションもつけた。また日本的な雰囲気を出したいと、天井に届きそうな松を組み立て生け花の大作を生けた。当初は近くの小学生が日本のことを知りたいと先生が引率して来たり、婦人会が見学に来たりした。そのつど、勝子は少しでも日本のことを知らせたいと思って日本文化や日本の風俗習慣などをていねいに説明した。

展示室はお茶室のある章の研究所に隣接している。そこでここを日本文化センターにしてはどうかと考えたが、実現には至らなかった。

小泉八雲のご家族の思い出

一九七〇年代だったか八〇年代のころ、小泉凡さんがまだ独身の頃であった。領事館から電話で大事な訪問客があるので世話をしてくれないかとのことであった。勝子は喜んでホテルへ伺った。

小泉八雲の孫の小泉時さんと奥様の尚子さん、ひ孫の凡さんご一行がニューオーリンズにいらしたのである。ホテルでお目にかかると一見して小泉ご一家とわかった。小泉時さんは鼻筋が通って色白く、目が大きくて横顔は外国人かと思われるほど彫りが深く、八雲によく似ていらした。

早速、チューレン大学の図書館にある小泉八雲特別コレクションへご案内する。大学側は、一般には公開されていない珍しい八雲の本をいろいろ見せてくれた。なかに布の表紙の見慣れない大判の本があった。

すると時さんが懐かしそうに「あ、これは私が小さい時の本です。本のカバーは日本の島根絣《かすり》で八雲が寝ていた布団の生地です。この字は私が書きました。八雲が〈子供には邪気がないから子供の字がいい〉と言って、当時まだ幼かった私に書かせたのです。私はこれを書いてご褒美に汽車ぽっぽをもらいました」。と懐かしそうに話された。題字を書いた時さんは、五歳だったそうである。

八雲は料理にも関心を寄せ、蕎麦の茹で方を記した本の裏表紙には袋がついていて、その中に本当の蕎麦が一〇本ばかり入っていた。またおもちゃが好きで遊び心のあった方のようで、時さんの趣味もまたおもちゃの収集であるとうかがった。

こうした珍しい八雲の本に加え、八雲が日本にいた当時の写真や文通など、日本でもお目にかかれないようなコレクションがチューレン大学にあるのは意外であった。

一八九〇年に日本に渡る前の一〇年間、小泉八雲ことラフカディオ・ハーンはニューオーリンズの新聞『タイムス＝ピカユーン』の前身『アイタム』紙の記者として活躍していた。ハーンはこの間、「チーター」はじめいくつかの作品も書いている。またドライアーズ街（現ユニヴァーシティプレイス）で、素人食堂「ハードタイム」を経営し、パートナーに持ち逃げされたり、フレンチクォーターやクリーヴランド通りなど三軒ばかりの借家を転々としたりして苦労していたようである。

その頃、チューレン大学医学部にドクター・マタスというスペイン系の若い外科医がいた。『ニューオーリンズ医学雑誌』の編集者でもあったマタスはハーンの才能を認め、陰になり日向になって彼を支えた。

ハーンもまた年下の医者マタスの幅広い教養と人格にひかれ、足しげくマタスの家に通って親交を深めた。

こんな関係から八雲が亡くなった時、前田多門氏の尽力によりチューレン大学にたくさんの小泉八雲の本が寄贈されることになった。それでこの貴重なコレクションがある由である。

市内見物の後、渡し船でミシシッピ川を渡り、アルジェリアポイントという川向こうの古い地区へ一家をご案内した。そこに章と二人で百年ほど経った古家を改築してアパートにした家屋があるので、八雲が当地にいらした頃の雰囲気が伝わるのではとの計らいであった。

渡し船を待つ間、小泉時さんは盛んに下を向いて何か探していらした。

「私は違った土地へ行くとその土地の石を集めているのですが、ここに石が見当たらないので貝殻を拾いました」。

「ここはデルタを埋め立てたので石はありません。貝殻がおすすめです」。

何より、ご一家がたいへん気さくで腰の低い方で、皆さまとの一日はほのぼのとして心和むものであった。

それからかなりの年月が経った。以来、私たちはクリスマスのカードを交換し交友を続けていた。

ある日、小泉凡さんからお電話をいただいた。ワシントン大学での仕事を終えてニューオーリンズに立ち寄られたとのこと。今回は、奥様と六歳ぐらいの可愛いい坊ちゃまとご一緒であった。

夕食をご一緒したいが何がいいでしょうかとうかがうと、奥様がニューオーリンズ料理を知らないからぜひ土地のお料理をとのことであった。勝子はクレオール料理で定評のあるレストラン「アパーライン」へ皆さんをご案内した。

「アパーライン」はこじんまりした家庭的な雰囲気で、女将のジョアン・クレヴェンジャーはなかなか個性的である。彼女はいつでもお客ひとりひとりにていねいに挨拶する。また美術収集家でもあり、レストランの棚にはセンスのよい絵画、彫刻、焼き物などが並べられている。

その日も女将はテーブルを回って挨拶にきた。勝子は「今日は日本から珍しいお客様をお連れしました。この方は小泉凡氏といって、百年ほど前、当地で新聞記者・作家として活躍し、日本に渡って日本人を妻としたラフカディオ・ハーンのひ孫にあたられます」と紹介した。

すると驚きと興奮で女将の顔は一変した。

「ラフカディオ・ハーンと聞いて鳥肌がたちました。私は彼の大ファンなのです。彼の作品はほとんど読みました。ちょうど来週はラフカディオ・ハーンを主題としたお料理を作る予定で、今日も料理長と相談していたところなのです」。

さらに「このブローチをご覧なさい」と女将の洋服の胸につけられたタツノオトシゴのような形のブローチを指さしながら、「この名はラフカディオというのですよ」と打明けた。日本ではたいていの人が小泉八雲を知っている。しかしニューオーリンズでラフカディオ・ハーンの名を知っている人には、あまり巡り会ったことがない。女将が単にハーンの名を知っているばかりか、作品の内容に精通していることは驚きであった。

女将は楽しそうにハーンのひ孫、凡さんと話し込んでいた。

やがて料理が運ばれ、私たちは美味しいクレオール料理を堪能した。お勘定をお願いしたところ、女将がまたやってきて「今晩は本当に嬉しゅうございました。ありがとうございます。あなた方は今晩は私のお客様です」と言いながら請求書を真っ二つに破った。その仕草の鮮やかなこと。一同はしばし呆然とするばかりだった。

小泉八雲が引き合わせてくれたご縁に感謝しつつ、凡さんご一家に別れを告げた。

後日、女将が街の名物女であることを勝子は知ることになった。女将は勝子の絵の展覧会にも来てくれて絵を買ってくださった。

6 日米協力生物医学研究所設立

チューレン大学エーベヤセンターに日米協力生物医学研究所設立

一九七〇年代末から募金活動をはじめた章の努力は、八〇年代になって実りを結んだ。

初めは弟のために公の場を利用することはできぬと、頑として協力を拒否した章の長兄・康男も、章の私心のない真心がわかると協力を惜しまなかった。こうして兄の奉職する川崎製鉄社長・岩村英郎氏のご理解とご協力を得ることができた。岩村氏の熱意は経団連を動かし、日本の実業界がこの募金の後押しをすることになったのである。その結果約一万五千ドル（当時の為替レートで約三億五千万円）の基金が集まり、一九八五年、夢の日米協力生物医学研究所がいよいよ設立の運びとなったのである。

章が日米協力生物医学研究所設立の地に選んだのは、ニューオーリンズ中心地から車で約三〇分ばかりのエーベヤセンターであった。チューレン大学は四つのキャンパスを持っている。アップタウンのメインキャンパス、ダウンタウンの医学部、市の北、ポンチャートレイン湖の先にあるモンキーセンター、加えてもう一つ、ミシシッピ川を渡った先、プラクメンパリッシュのエーベヤセンターである。川に沿った湿地帯のこのセンターは、あまり知られていないが、第二次世界大戦中、米軍が爆弾貯蔵庫とした跡地である。今も当時、運搬用トロッコに使ったプラットホームが三〇に及ぶバンカーの前に残っている。川側は土を被せて小山のように見えるバンカーの中は丸太がはめ込まれた壁で、貯蔵した爆弾が爆発した場合、これらの丸太が飛び出して弾薬庫の破壊を防ぐ仕組みになっている。

今ではどのバンカーも空となり五百エーカー（約六〇万坪）に及ぶこの湿地帯は、自然が今なお残る貴重な一角となった。この土地は、ルイジアナ選出議員エーベヤ氏のご篤志により研究所として使うことを条件にチューレン大学がもらい受けた土地である。しかし開発資金もない大学は、この土地を持て余していた。章はこのようなエーベヤセンターを研究所建設の場所と決めたのである。大学は大喜びで章にこの土地の使用を許可した。

軍が入る以前、ここには三つのプランテーションがあった。苔むした年代の二本の樫の大木がそれを物語っている。その辺りからは今なお、手作りの英国製ガラスのウイスキー瓶や外国製らしい手書き陶器の破片などが出てくる。英米戦争の名残である。一九八五年に研究所ができてから、研究者の中には研究の合間に外を歩いて掘り出し物を集める者もいた。

エーベヤセンターの辺りはどこもかなり開発されて、在来の動物や草木は居場所をなくした。研究所が建設された頃には、センターに隣接してオーデユボン公園の種族保存研究所やイングリシュターンゴルフ場がつぎつぎに建設された。そのためたくさんの動物が追われてこのセンターへ逃げて来た。

章が研究所を建設したころは、まだちょっと歩けばヘビを踏みそうになったり、アルマジロや野ウサギがひんぱんに見られたりした。勝子も一度道の真ん中で大きなヘビがとぐろを巻いていて襲われるのではないかと肝を冷やしたことがある。

用心のため、章は研究所に毒ヘビに噛まれたときの救急薬品を用意していた。フクロウが巣を作っていたり、シカが歩いていたり、ゴミを漁ってアライグマが出没したり、イノシシの家族が研究所のすぐ前でのんびり草を食べていたりして、さながら自然保護地のようであった。

二つの池には名物のワニもいた。当時エーベヤセンターでワニの生態を研究していた教授からここに一八匹ばかりの大きなワニがいて、いちばん大きいワニは体長五メートル半もあると聞いた。

ある日研究員が小さなワニの子供をつかまえて研究所へつれて来た。ちょっといたずらをしたら大きな口を開けて噛み付こうとする。さすがワニ、双葉より芳しである。研究員が研究に使ったラットを池に持って行って放った。そして口笛を吹いたり大声でワニを呼んだりした。やがてワニは手なずけられて、誰でも池にいって大声で呼べば向こうのほうから二つの目だけ水上に出して、一メートルぐらい離れたところまで静かに近寄って来る。そしてじっと餌を待つようになった。

ワニにこのようなことをすると、人間を襲うようになるので、断じてしてはいけないことだとは後で知った。

章は新しい研究所ができるまで、以前研究所として改装されていた小さなバンカーの一つを研究所とした。しかし自然の宝庫であるエーベヤセンターのバンカーは、研究所としてはあまり適していない。ガラス器具は湿気のためにカビが生えやすく、油断すれば外からの不法侵入者に荒らされる。

ある日勝子の事務室の窓の外で何かが動いているのに気が着いた。よく見ると一匹のヘビがこちらを向いてふらふらと首を振っていた。びっくりした勝子は大急ぎで研究員にこのこと告げた。するとルイジアナ州生まれの研究員が、どこからか大きな棒を拾ってきてヘビにさしだし、ヘビを棒に巻き付けさせた。彼は手慣れた手つきでヘビの頭としっぽをもって頭の上に捧げ、悠々と廊下を歩いていった。

翌日勝子は、細長い板の上に釘付けにして干されたヘビの皮を目撃した。

ある時は、勝子が棚の上の帳簿をとろうと手を伸ばすと、何やら冷たいものが手に触る。見ると小さな青カエルが手にくっ付いていた。研究所の機械もまたよく動物の被害にあった。ある時は機械の配線をネズミが齧った。それは実験動物のラットではなく野ネズミの侵入による被害であった。皆でネズミ退治をした。

ある時は天井裏でザーザーという音がした。研究員一同は耳を澄ませ、互いに顔を見合わせた。ヘビがはっているに違いない。

仮住まいとして選んだ研究所は、二七あるバンカーの一つだったが、本命は、バンカーではなく同センターにある三つのレンガ建ての一つであった。内部の広さは約千平米（約三百坪）もあり、軍の建物だけに壁は厚さ一メートル近く、コンクリートに小石混じりの床も分厚く、ハリケーン・カトリーナのときもびくともせず、ガラスが一枚割れただけであった。

この建物を理想の研究所に改築するのが章の夢となった。章はアパートの改築で実績をつんでいた。しかし研究所は、知人を通して日本の大林組に依頼した。章は使う側からの考えを述べ、建築家はプロの見地から提案し、両者の間でたびたび討議が重ねられた。既存の建物の改修であるから、新築とは違う。例えば建物の真ん中に太い柱が数本並んでいた。それを取り外すことはできないが、できれば隠したい。また研究の横のつながりを大切にして、働く人々の立場から研究室を生理学、化学、組織学、一般研究などいくつかの部署を一堂に配した。部署間の連絡は容易にできることが望ましい。生理学実験室の隣りは動物小屋になっていていつでも動物が使えるようにし、冷凍庫の中は広くしてここでも実験できるようにする。

もちろん停電に備えて発電装置もある。それから働く人の健康を考え、実験の合間とか仕事の前後に、美しい自然を散歩したり走ったりして汗をかいても流せるように、男女それぞれの洗面所にシャワーを設置した。

会議室兼図書館にはスクリーン、マイク、黒板などがあって、大小規模の会合がいつでもでき、各国のさまざまな専門雑誌もいつでも読めるように用意した。図書館からはすぐデッキに出られるようになっている。四季を通じ研究員が自然の中で昼食をとることができ、毎日が遠足のようであった。

図書館に隣接して台所がある。研究員は自分で料理もできるし、セミナーなどのときは食事を用意して参加者に提供することにした。シェフの勝子はまぜずし、カレー、ラザーニャなどいろいろメニューを変えて参加者に供した。

年中行事のクリスマスには、さまざまな国のご馳走も並び、外国なまりの英語を話すサンタクロースがきて子供たちを喜ばせた。

研究所の一隅には遠方から訪問する研究者が寝泊まりできるように客間を作った。日本間と洋間を兼備し、日本間ではお茶ができるようにと炉を切って茶室にした。

茶室の設計は、ニューヨーク高島屋のデザイン部に依頼した。高島屋は当時ソーホーにいた日本人棟梁、田中氏を推薦した。田中氏はより抜きの弟子二名と共にやって来て二週間で釘一つ使わず数寄屋の茶室を完成した。奇麗なクロスばりの壁紙は三人がかりではった。日本大使館に使ったものと同じであると言うことだ。数寄屋の茶室には、絞丸太をはじめケヤキなど大半の木材は日本から、後はニューヨーク北部のキャッキルから運ばれた。壁は漆喰ふうのクロスばりとした。

「大工がいちばん気を配るのは天井です。壁や床は後から替えることができますが、天井に手を加えることは難しいので」と田中氏は言った。

障子は両面のプラスチックに和紙を入れたもの、床は置き床で、長い床の間の表情を変えることもできる。

「障子を戸袋から出すために使って下さい」と職人の小林氏は、小刀で削った小枝を手渡した。その切り口のみごとさは、職人の技量を端的に示していた。

こうして完成した茶室は、研究員はじめさまざまな客をもてなしてきた。

ある時、地方新聞『タイムス＝ピカユーン』で働いていた日本びいきの新聞記者がやって来た。彼はその頃、肺移植のためドナーを待っていた。酸素ボンベを背負って苦しそうにやってきた彼のために、勝子はお茶をたてた。すると彼は「お茶室にいる間とても息が楽でした」と喜んでくれた。

世界中からやってきた一流学者は、この茶室でもてなした後、茶の心「和敬静寂」の説明をすると、お茶を習っていなくてもその神髄に共感してくれる。学者だけではない。お茶へ招待したチューレン大学学部長の奥様は、初咲きの桜一枝をお土産にくださった。ルイジアナ出身の代議士ボッグス夫人は、勝子の詠んだ俳句を蘭の鉢植えに添えてご自宅で歓迎のお茶会をしてくださった。このようにお茶の精神には国境はないと思う。

ミシシッピ州から日本語を習っている高校生や中学生がバスでお茶室見学にやってきた。生徒たちは真剣に勝子の説明に耳を傾け、積極的にお茶に参加した。翌年、ふたたび訪れた生徒たちにお茶の本質について質問すると、生徒たちは話した内容をよく覚えているので驚いた。

毎年日本の大学から交換留学生がやってくる。彼らは必ず日米協力生物医学研究所を訪ねてくれる。そして研究所のお茶室も見学する。勝子はこれらの若いホープたちに必ず研究所にお茶室がある理由を章の哲学ともども話すことにしている。日本では無関心であった自国の文化、茶道を改めて見直し、日本へ帰ってお茶を習いたいという学生もいる。

初めて買った家

一九六五年、二度目に渡米した私たちは、初めの一年は友人が歓迎してくれた大学本部に近い借家住いであった。日本の北海道での生活に比べれば数段贅沢で住み心地がよく子供の学校も近い。

「先生、しばらくはこの家で生活なさってお金を貯めた方がいいですよ」と私たちより一足先に北大から留学していた黒島先生は薦めてくださったし、勝子もそれでいいと思った。しかし、章はこれからずっと米国で暮らすのだから早く自分の家をもつことを望んだ。そこで私たちは家探しをはじめた。

ニューオーリンズは黒人が多く危険な地区もあるが、チューレン大学近くはアップタウンと呼ばれる歴史ある地区で観光名所になっている。ここにはヴィクトリアンとか、コロニアル等の古くて趣のあるニューオーリンズらしい家が建ち並び、街の有力者や名士の家が多い。街の北、ポンチャートレイン湖に沿って比較的新しい高級住宅街があるが、それらの住宅もまた高価でわれわれには手が出ない。

章はミシシッピ川の橋を渡ったウエストバンクと呼ばれるあたりを探してみようと言った。米国大陸はミシシッピ川で西と東に大きく別れている。川は蛇行しており、川の西にあるためウエストバンクと呼ばれるこの地方も、実は街の南に位置する。そちらは根っからのニューオーリンズ人にとって、言わば別世界であり、あまり人気のない地区であった。しかし、当時ミシシッピ川に新しく橋がかかって交通が便利になり、ウエストバンクの土地開発は急激に進み、ブームに乗って新しい家がつぎつぎと建てられていた。地価も安いので私たちのような買い手にとっては魅力であった。米国では住宅を建てる前に先ず道を敷く。当時ウエストバンクはまだ未開で自然の沼地や森が多かったが、そのようなところにもすでに道はついていた。そんな道を走っていたある日、どこからか飛んで来た空気銃の弾が車の窓ガラスに当たって穴が空いたことがある。

私たちは比較的開けたところに新築の手頃な家を見つけた。その家を建てた大工の家族が住んでいた家であった。イーストバンクに比べてずっと安価でこれなら私たちでも敷金を支払い、あとは住宅ローンでなんとかなりそうだ。周りには似たような建築中の家が多い。今まで住んでいた古い伝統的なショットガンハウスと違って、一般的で何の特徴もない二階家であるが、子供たちの部屋と専用のトイレもあって、車二台入り車庫までついていて便利な作りである。家族は大喜びであった。

近所には根っからのニューオーリンズ人は少なく、ほとんど他所から来た多くは石油関係の技術者とその家族で、アメリカ人の気さくさでお互いにすぐ打解けて友達になれた。

近くの公立小学校は市内でも指折りの評判校という。かれこれ渡米一年、子供たちもだいぶ英語に慣れたし、近所には同じ学校へ行く子供が多いので、すぐに友人もできた。日本人なので差別を受けるのではないかと案じたが、時おり中国人と間違えられることはあっても、日本人で得をしたことのほうが多かった。子供を通して近所の人とも親しくなった。

近くにプレスビテリアン（長老派）教会があって、日曜日にはよく子供たちと礼拝に出席した。会員は皆とても親切で、何の違和感もなくすぐに親しくなった。また日曜日など近所の子供が気さくに遊びに来て、日本料理の昼食を一緒に食べてすっかり日本が好きになり「僕は日本人になりたい」という子までいた。

近所の人は章がチューレーン大学医学部に務めていることを聞いて、よく医療相談にやってきた。ある日の夕方、一軒先の写真家ランドン氏の男の子が顔色を変えてやって来た。ボートの掃除をしていた父親がボートから落ちて怪我をしたという。章は大急ぎで駆けつけた。かなりの怪我で自分の手には負えないと判断した章は、すぐに近くの病院へ連れて行き、一晩中付き添った。幸い傷は軽く父親はすぐに帰宅し、まもなく全治した。

この一件以来、この家族とは親戚のように親しくなり息子さんの結婚式やご夫妻の結婚五〇周年のお祝いへ招かれたり、後日、章が研究所設立のために日本で寄付運動をしたとき、特別に市内の航空写真をとってくれたりした。彼は日本の通信社の写真家だったのである。次男・真の結婚式には、章を呼びに来たあの可愛い男の子が父親の跡を継いで一人前の写真家になっていて、結婚式の写真を撮ってくれた。

またある時は一ブロック先の、これも石油会社に務めていたご主人が、梯子が倒れて怪我をしたといって章に助けを求めて来た。現場へ駆けつけた章は、ご主人がイェール大学の同窓であることを知って、その後親しくなった。当時は新婚夫妻で二歳ぐらいの可愛い女の子がいた。今そのお嬢さんはＣＮＮのアナウンサーとして活躍している。

隣りには年老いたイタリア系の母親と娘さん夫婦が住んでいた。娘さんと言っても引退間際のお年寄りであった。勝子はこの老母によく娘・美香のベビーシッターをお願いした。彼女は喜んで面倒を見てくれて、美香もまたこのおばあちゃんが大好きであった。美香がおばあちゃんのお誕生日に玄関でバイオリンを弾いたことを彼女は嬉しそうに懐かしんでいた。彼女は九〇歳を超えていたが頭がしっかりしていて、お台所は一任されていたようである。新聞の切り抜きを集めるのが趣味で、幾箱もの切り抜きを見せてくれた。老母は百歳の長寿を全うされた。娘さんは引退後チューレン大学でしばらく働いた。

家の真向かいには英国人でチューレン大学医学部解剖学の教授一家が移って来た。わが家と同じ三人の子持ちで、奥さんも医者のインテリ、ピアノが上手であった。子供たちはほとんど同じ年齢で学校も同じ、ピアノとバイオリンを習っていたので一緒によく音楽を楽しんだ。こうして同じ外国人同士、家族のようなお付き合いが始まった。ご夫婦が出張のときは数日子供さんを預かったり、こちらも預かってもらったり、ご主人がアイオワ大学教授として栄転の時は、章にも一緒にアイオワへ来ないかとお誘いがあった。子供さんが結婚された後もずっと交際は続いている。彼らが引っ越した後には、ルイジアナ州立大学医学部の先生家族が移ってきた。ご長男が次男・真と同級で同じ学校だったが、息子はこの坊ちゃんをとても尊敬していた。

この家へ移って二五年、とくに子供たちの成長期であったから、思い出はいっぱい詰まっている。章が改築した押し入れの棚、子供の勉強机や数々の本棚、食堂の日本窓、書斎《デン》の障子、唐紙、大きな丸い提灯のシャンデリア、手製の平たくなる大きな食堂の丸テーブル、数えればきりがない。

一家が大好きなセントバーナードが、一人前に食卓に顔をだしていた。子供たちが眼鏡や帽子をかぶせてキイキイ笑い喜んで遊んだものだ。彼らは犬の排泄物を始末するためにハーハー言って庭に穴を掘って埋めたっけ。

ずいぶん多くのお客を迎え、ご馳走もした。家族や友人はもちろん、音楽家、画家、化学者、文学者、政治家、実業家、中には日本ではとても口をきくことすらできなかったであろう有名人もお招きした。クリスマスに多くの友人と一緒にディナーをした。近所の子供が来てキャロルを歌ってくれたこともある。

泥棒が入って大騒ぎ、でも盗られたものは長男が枕カバーにためておいた大事な一セントコインだけ、ミンクもダイヤの指輪もないので、警官はつまらなさそうに去っていった。

猫やウサギやハムスターなど皆で可愛がって楽しんだ。2630チェルシー街の家は、貧しくとも楽しいわが家であった。

地盤沈下とシロアリ問題

一九八九年、この家とお別れしなくてはならなくなった。それは地盤沈下で家が傾きかけたからである。専門家に相談すると、一刻も早く家を売ったほうがいいとすすめてくれた。さもなければ今もあの家で暮らしていたであろう。あまりにも多くの思い出が詰まっていて、手狭ながらも私たちにとっては住み慣れたスイートホームだった。

ニューオーリンズで家を買う時、気をつけなければならないことが二つある。それは地盤沈下とシロアリ問題である。

ミシシッピ川が運んだ泥デルタの上にできたこの街は、土壌が柔らかく岩盤までは百メートルもあるという。そんな柔らかい土地に家を建てれば、しだいに沈んでいくのは当たり前である。それで当地の古い建物は、必ず土台に何十本もの杭を打ち込んで、その上に家を建てる。いわば家は杭の上に乗って浮いているようなものである。しかし最近は費用を削減し早く家を建てるために、土台に杭も打たず、スラブ方式という他所で一般に使われている方式で、針金を張り込みその上からコンクリートを流し込んで土台とし、その上に家を建てるようになってきた。ことに最近の安普請にはそれが多く、私たちの家もそんな方式で建てられていた。土地のことをよく知らない私たちには、家を買うときそこまで考える知恵も知識もなかったし、忠告してくれる友人もいなかった。

わが家は二〇年ぐらいの間にあちこちを改造し住みやすくなってきていたが、ある時からあちこちの壁にひび割れが目立つようになった。そのつど章がプラスターを塗って修理し、勝子がその上にペンキを塗った。

しかしひび割れがひどいので、もしやとゴルフボールを床においてみると、果たせるかなボールが転げ出した。何度やっても同じである。これは大変、家が傾いている。早速土台を矯正してもらうことにした。矯正にはパイルを打ち込む方法やセメントと土を混ぜ合わせて床下に流し込む方法など、いくつかの方法がある。わが家はコンクリートを流し込む方法にした。

ところが工事をはじめたとたん、流し込んだコンクリートが居間の床を持ち上げて真ん中に大きなおまんじゅうが出現したのだ。わが家の床はそれほど薄いセメントしか入っていなかったのである。これではどうしようもない。仕方なく家を売って他所へ移ることにした。

この家から三、四ブロック先の広い敷地に、レンガ建てのランチ風の古い売り家があった。川に近い所は川が運んだ土で比較的土地が高く、沈下も少ないと聞く。私たちはこの広い庭の小さい家がとても気に入った。家の前はミシシッピ川に面している。隣りはプランテーション、一軒先は公園というすばらしい環境である。早速交渉して購入することにした。

購入時にはシロアリがいないという証明書をもらった。ところが購入後、台所を改造しようと壁を開けてびっくり、プラスターの下には柱がまったくない。シロアリが皆食べてしまったのである。また暖炉の壁を外したとき、シロアリが群れをなして飛び立った。しばらく空き家になっていたこの家は、シロアリにかなりやられていたのである。早速シロアリ退治をしてもらい、また毎年チェックしてもらうような手続きをした。

家庭音楽会

章は音楽が大好きであった。幼少の頃、日本ではピアノは女のすることで男がピアノにふれるのはおかしいという風潮があった。このため章は好きなピアノを正式に習うことができなかった。姉の弘子から指づかいを教わり、楽譜を借りてもっぱら独習した。第七高等学校造士館（後の鹿児島大学）時代には、ドイツ人の音楽家プッチェル先生や生物学の山根銀五郎先生（兄は音楽評論家山根銀次郎先生）から音楽を教わり、大いに楽しんだ。後に東北大学物理学教授となられた北垣敏夫先生と一緒に音楽会で連弾をしたこともある。

名古屋へ移ってからも、章は鍵盤を紙に書いて叩いたという。とくにショパンの和音が大好きであった。プッチェル先生はドイツ人で東京音楽学校（後の東京藝術大学）の先生として来日されたのだが、手違いで九州鹿児島の七高に赴任された。先生は日本歌曲をこよなく愛し、「荒城の月」とか「さくら」をドイツリートの美しさと併せて数々の美しいメロディを編曲されている。勝子の手許に一冊ある先生の編曲集は、章が大好きでよく弾いていた。

当時赴任されたばかりの山根先生は生物学の先生だが、音楽が大好きで章はずいぶん可愛がっていただいた。山根先生の博士論文が認められた時、北垣・有村両生徒は赤玉ポートワインを持って山根先生と共に城山へ登り、先生に祝杯をあげたとよく話していた。

新しい家へ移って家具を買うにあたり、章はソファよりまずピアノを買うと宣言した。「ソファはなくても床に座ればこと足りる。だがピアノは必需品である」。

渡米して数年経った時、鈴木メソードのご一行がニューオーリンズへやって来た。折から章が会長を務めていたニューオーリンズ日米協会も、領事館と共にこれを後援した。一行はホームステイをすることになり、わが家へも可愛いバイオリニストと先生の三人が泊まった。子供たちは演奏会へ行ったり演奏者の子供たちと友達になったりして楽しいときを過ごした。

可愛いバイオリニストたちは出発前に、お世話になったお礼にとわが家で一家五人のためにサンサーンスの「白鳥」を弾いてくださった。近くで聴く同年齢の生演奏、美しい弦の響きは、子供たちに大変な感動を与えた。

この後間もなく当時九歳だった次男が「僕バイオリンを習いたい」といいだした。

早速当時ニューオーリンズ・シンフォニーのメンバーで、以前京都管弦楽団のコンサートマスターをしていらした山田宗二郎先生にご指導を願った。先生は毎週拙宅まで出稽古にきてくださることになった。何と言う幸運であったろう。

次男の真がバイオリンを習うのであれば、長男の次郎も何か音楽をさせたい。年齢が近いので競争心をあおらないために長男にはピアノを習わせることにした。先生はロヨラ大学音楽部の若い女子学生にお願いした。

やがて娘の美香もバイオリンを習うようになった。

稽古ごとは得てして初めは優しいが、しだいに難しくなる。子供の練習には章か勝子が同席した。

やがてせっかく曲を上げたら、聴いてもらう場所をつくってやったらどうかと、自宅で子供音楽会をひらくことにした。演奏者は先生の二人の娘、フルートのゆかりちゃんとオーボエのえりかちゃんをはじめとして、お向いの英国人の子供三人、ピアノのラス、バイオリンのジョナサンとジェレミー、斜め向いの米国人の娘、ピアノのスーザン、日本からチューレン大学留学中のお医者様の息子でバイオリンの森下幸路君、日本人と結婚した建築家の娘でピアノのアンナなど、一〇人ばかりである。初めは鈴木のキラキラ星からしだいに難しい曲となり、最後は山田先生が友人の音楽家を招いてくださってシンフォニーのメンバーがトリオを弾いてくださった。家がうなるような名演奏は今も心に焼き付いている。勝子は挿絵入りのプログラムを作り、台所でもっぱら演奏者のために料理をした。

森下幸路君は日本へ帰って仙台のシンフォニーのコンサートマスターとなり、独奏者としても活躍している。

こんな子供音楽会は何年か続いて、そのつど演奏者が入れ替わった。ある年、山田先生の知り合いのスウェンセン一家が参加した。お父さんはシンフォニーのメンバー、お母さんはハワイ生まれの日本人二世でピアニスト、長男、次男、長女と三人ともバイオリン奏者の音楽一家である。中でも長男のジョーは、弾きっぷりも堂に入ってすばらしく、一同は感銘をうけた。

ジョーは後にジュリアードを卒業し、指揮者としてたびたびニューオーリンズ・シンフォニーでタクトを振った。ある時、演奏会に独奏者が現れない事態が生じた。彼は一人で指揮をしながらバイオリンコンチェルトを弾いたと聴く。彼の音楽会へ行ったことがあるが、曲のていねいな説明やみごとな演奏ぶりに、多くのファンがいるように見受けられた。

ジョー・スウェンセンの指揮で、ニューオーリンズ・シンフォニーがジョン木村パーカーと協演したことがある。世界的ピアニスト・ジョン木村パーカーのお母さんは、木村敬子さんといって勝子とは東京女子大学の同窓であり、在学中にシェークスピア劇をした仲間でピアニストでもある。彼女は在学中にカナダ人と熱烈な恋愛をして、学内の評判になった。その後二人は晴れて結婚し、その息子さんがジョン君というわけである。これを知って勝子はジョン一家にぜひ会いたいと思って、夕食に招いた。ジョンは快く招待を受けて、チェリストの奥さんと三歳の可愛いデイヴィッド君を連れてやって来た。

彼は菜食主義者とのことで、台所のカウンターでお座敷天ぷらをご馳走した。

四方山話のなかで、勝子は日ごろ章が「アメリカ人は手先は不器用だが、想像力がある。一方、日本人は想像力に欠けるが仕事は緻密で器用だ。このような各国の長所を生かして仕事をすると良い研究ができるのではないか」と話していたので、ジョンに音楽家にもそのような違いがあるのか訊ねてみた。彼はしばらく考えていたが「一流は同じですね」とのことであった。

食事が終わってリビングルームに移ると、ジョンは「ここにリア王の道化《フール》がいるよ」とカナダのお母さんに電話をかけた。

折しも敬子さんはピアノのレッスン中で、さぞ驚かれたと思う。こうして私たちは卒業以来、初めて電話を通して語り合った。

電話も終えて一息ついた後、ジョンに「これを弾いてくださいませんか」とプッチェル先生が七高時代に編曲された日本の曲の楽譜を見せた。章がその楽譜を取り出してくり返し弾いて、「この曲を誰か続けて弾いてくれないかなぁ」と口癖のように言っていたからである。

ジョン君は早速ピアノの前に座り、「さくら変奏曲」を弾きはじめた。清澄なピアノの音がわが家のリビングルームに響きわたった。曲が半ばにさしかかるとジョン君は「これはすばらしい曲だ。去年東京のカナダ大使館のコンサートの時に知っていれば、この曲を弾いたのになぁ」と残念がった。その時適当な曲がなかったので、ショパンの曲を弾いたという。

彼にプッチェル先生の楽譜を贈ろうと、日本に帰国した折に探して歩いたが、すでに絶版とのことであった。しかし楽器店の店員が、親切に編集者の連絡先を教えてくれた。

電話をしてみると、縁というものか、編集をした方は章の姉・弘子の友人であった。幸いその方の手元に四冊残っているとのことで、事情を話すと翌日、章の姉の家へ宅配便で四冊とも送ってくださった。

勝子は天にも昇る心地で、ジョン君と木村敬子さんに一冊ずつ贈ることにした。

茶道

勝子は小さい頃母が病弱だったので、父の姉に当たるとく伯母の家に預けられ世話になった。女の子がない伯母は、勝子を娘のように可愛がり、小学校へ入学する前から礼儀作法を仕込み、お琴や茶道などのお稽古ごとをさせた。

最初に習ったのは生田流のお琴で、最年少で発表会に参加させてもらい、先生と一緒に演奏したときのことは今も鮮明に覚えている。

茶道は、勝子の郷里浜松では本部が岡崎にある宗偏流が盛んで、勝子が弟子入りした先生も宗偏流であった。おしゃまな勝子はきれいな着物を着て美味しいお菓子をいただけるお茶が好きで、同じ年頃の友人がいたこともあり、喜んでお稽古に通った。

結婚して章がお茶を習ったことを知り、お茶は嫁入り前の娘が身につけるものとばかり思っていた勝子は意外に思った。しかし章の茶道への関心が名古屋大学医学部に所属していた時代以来のことで、けっして通り一遍でないことを知り、自分の浅薄さを恥じることがたびたびであった。

お茶は規則がいろいろあるので、初心者にとってはわずらわしい。動作が悠長でイライラすることもある。なんでそんな面倒なことをするのだろうか。しかし茶道の作法は四〇〇年余の経験と歴史を経て最も合理的で、美しく、簡単な所作として磨かれ、今日に至ったものである。和敬清寂の精神を基調に雑念を忘れて一所懸命お茶を立てる一期一会の精神である。

渡米して章がアメリカ人の研究者と共に実験をして感じたのは、彼らが実験中に良く話をすることであった。ピペットの先が他の物にふれていても気づかず、時にはガラス器具をひっくり返して試薬を無駄にして、実験データがきれいに出ないことも多い。そんな時章は良く「君、お茶をするといいよ」と勧めた。

一九八五年に日米協力生物医学研究所を設立した時、その一角に日本式の客間を作ったのも、お茶はサイエンスに必要であるという有村所長の信念からであった。

一九八〇年ごろ、ニューオーリンズ日本人会に茶道部が誕生し、月一度研究所の茶室でお茶会をしている。若手のメンバーもいて、華やいだ雰囲気が好ましい。日本国内では流派の規則がやかましく細則にこだわりがあるようだが、さまざまな流派を学んだ会員の集まりであるニューオーリンズでは、各流派の細かい規則は二の次にして、本質を理解することが大切と、和敬静寂の精神のもと、自由な雰囲気でお茶を楽しんでいる。毎年一度市の美術館で催される日本祭りには必ず参加してデモンストレーションをする。関心の少なかった米国の一般庶民が進んで参加し、積極的な質問もあって、日本に関心を持つだけでなく良さを認め敬愛していることを実感して嬉しく思っている。

拙宅に勝子のスタジオを増築したとき、屋根裏が意外に広いので、そこに日本間を作ることにした。この日本間は、建築家の手はいっさい入っておらず、章と勝子二人の合作である。章は洋裁のように紙で部屋の型紙を切り、それに合わせて木を切りカンナをかけサンドをかけた。天井裏だから数寄屋より民芸にしようと、窓には濃い茶色の太目の桟で縦格子の窓を作って取り付け、床の間には永平寺の管長さんから頂いたお軸をかけ、間接光でうかびあがるようにした。その横に唐招提大寺弥勒如来のコピーを飾った。ここで静かに二人で茶を楽しんだ。

章は自ら茶を立てることは少なかったが、勝子の生活態度には厳しかった。

「お茶の精神は日常生活に生きてこそ意味があるんだよ。君は何年お茶を習ったの。精神が分かっていないね。それではまるで猿回しのお茶だ」とよく笑っていた。

生け花

戦後しばらくして、勝子が中学に入学するころ、世の中も落ち着いてきたので、伯母は勝子に、ふたたびお茶を習うようにすすめた。近くで評判の小池先生は宗偏流の茶道と池坊の生け花を教えていらしたので、生け花も習うようになった。

茶室の隣室が生け花の教場で、生徒はみな畳に座り、同じ形の薄端（金属製の花器）に、毎回花材を変えて「天地人」の基本形をくり返し練習した。生花は昔からの古風な生け方で、剣山は使わない。又木という二つに分かれた自然の枝を使って、その間に花や木の枝を入れてゆき、最後に一本の留め木を後にさして固定させるのである。

しかし不安定で、留め木の加減で、せっかくまとまった枝や花がひっくり返りやすいので、十分な注意と忍耐を要する。

できあがった花を拝見するときは、自然への敬意を表して、まず生け花の前で手をついて礼をし、それから鑑賞する。教師は威厳をもって生徒を指導した。生徒は黙って先生の言われるとおりに生け、質問は御法度である。

何も知らない勝子は、ある時、質問したことがある。しかし先生は「時がくれば分かります」。とおっしゃっただけであった。

私語は慎むものとして、ひたすら生けることに集中した。生け終えた花は、先生に直していただく。その後、ていねいに油紙に包んで持ち帰り、自宅でもう一度生け直した。

中学高学年になり、お茶もお花もやめてしまったが、東京に出て大学四年生の時、生け花を習うことになった。卒業すれば結婚が待っている、今のうちに生け花を身につけておくのがいいでしょうという野村夫人のお奨めであった。大学で寮生活をしていた勝子は、元浜松の判事で日本橋に法律事務所を開いていた弁護士・野村雅温ご夫妻に、娘のように可愛がっていただいていた。

戦後、生け花の世界はすっかり変わり、とくに東京のような都会では、伝統的な池坊流は古風すぎて人気が薄れ、新しい生け花として草月流が人気であった。野村夫人も草月流がいいからと、妹さんの先生で草月流の大家・州村公東先生を紹介してくださった。

州村先生の教室は、浜松の先生とは打って変わって、すべて近代的で教場は明るく開放的な雰囲気であった。指導方法も合理的で、自分の好きな花器や花材を自由に選ぶことができ、基本型から応用型までいろいろな花型があって、立体的図式で示しながら、ていねいに説明してくださる。

わからないところは、何でも先生に質問すれば、わかりやすく説明してくださった。形は自由で、剣山を使うので特別な技巧もいらず、容易にいろいろな花型の生け花を楽しむことができた。

大学卒業後に章と結婚することになり、先に渡米した章に日本の伝統文化を学んで生け花も師範の免状をとるように言われ、一年あまり州村先生に特訓していただき、四級師範の免許を取得することができた。

当時は予想だにしなかったが、その後の人生を振り返るとき、生け花が私たちの人生をいかに豊かにし、さまざまな人々との出会いをもたらしてくれたか、感謝の念はつきない。

勲三等旭日中綬章受章

章の恩師・伊藤眞次先生には生涯にわたり大変お世話になった。章とは汗の研究で名高い名古屋大学久野寧先生の同じ門下生であった。伊藤眞次先生は、赴任されて間もない北海道大学生理学教室へ章を招聘してくださり、何くれとなく私たちの面倒を見てくださった。章が再度米国へ赴任してからもニューオーリンズを数回お訪ねくださり、粗末なわが家へお泊まりくださった。私たちもまた帰国すれば京都へ行き、先生と会食をすることが楽しみであった。

最後にニューオーリンズをお訪ねくださった時、先生はお一人で当地の領事館へ出向かれ、総領事に会われて章の叙勲を勧めてくださった。先生のこのお計らいにより、章は一九九五年、天皇陛下から私立大学の教授としては最高の勲三等旭日中綬章を拝受した。

この受章のため、日本へ帰った私たちは、外務省で大河原良雄元米国大使はじめ領事館関係の知人や友人の祝福を受けた。皇居で章は外国から授賞式に出席した人々を代表して陛下にご挨拶する栄誉に浴した。また、その夜は章のために東海大学婦人科の見常教授はじめ元研究員が中心になって百人ばかりの友人知人が集まり、すばらしい祝賀会を催してくださった。その時記念に頂いた立派な時計は、今もわが家の居間で美しい音色で時を知らせている。加えて有村の兄弟はじめ親戚一同もまた愉快で楽しい祝賀会をしてこの名誉を祝ってくれた。有り難いことであった。

ハンガリーから名誉学位

一九八五年に日米協力生物医学研究所が設立されてから、世界中から優秀な研究員がやってきて、互いに力を合わせ世界に先駆けて目覚ましい研究が続けられた。

一九八九年、ここで重要な神経ペプチドの一つ、PACAP（下垂体アデニル酸シクラーゼ活性化ポリペプチド）が発見された。章のそれまでの研究に加え、PACAP発見の功績により、ハンガリーのペーチ大学から名誉学位が授与されることになった。

ノーベル賞受賞者シャリー博士の研究所には、早くからかなり多くのハンガリー研究者が働いていた。自然にシャリー博士の共同研究者である章もハンガリーとの関係が深まり、ブタペストのセンメルヴェイス大学や南部のペーチ大学からの優秀な研究者たちとすばらしい成果をあげた。こんなご縁から、章はたびたびハンガリーを訪ねた。勝子も章と一緒に二度ハンガリーを訪ねた。ハンガリー人には聡明で真面目な働き手が多い。おもしろいことに、同じ東洋人の血を受けていると言うことだ。ハンガリー人の赤ちゃんには蒙古斑があり、遺伝子も日本人と似ているという。言語にも似た所がある。例えば住所や名前の順序は日本と同じで、プロフェッサー有村ではなく「有村教授」と言う。このためか、他のヨーロッパ人より親しみやすく、気心も通じ合えるように思われる。

一九九六年、名誉学位の授与式に、私たちはハンガリーへ出かけた。式の前日、章は記念講演をすることになっており、私もその講演会場へ同行した。会場は満席で立っている人がたくさんいた。以前、章の日米協力生物医学研究所に来ていた研究者の懐かしい顔がたくさん見えた。勝子は少し興奮気味で、章の講演が無事終わった時は本当にホッとした。

翌日、大学の講堂で章の名誉学位授与式が行われた。あまり広くはない会場は長い歴史を感じさせる重厚なたたずまいで、すでに教授をはじめ大勢の出席者が座っておられた。勝子は案内されるまま、最前列に座った。見ると立派なガウン姿の章が前の方に座っている。やがて厳かに式が始まった。すべてハンガリー語でわからなかったが、やがて「有村章プロフェッサー」と呼ばれると黒色のガウン姿の章が前に進み出た。彼はやや緊張した面持ちで学長から名誉学位の立派な賞状をいただいた。勝子は章のこの記念すべき栄えある様子を見て嬉しさと誇らしさの入り混じる気持で胸がいっぱいであった。

式の後、お祝いの昼食会があった。勝子は学長先生の隣りで緊張しながら昼食をいただいた。会場にいらしたフレルコ先生は、勝子に「奥さん、なぜ着物を着なかったの？ 僕はあなたの着物姿をもう一度見たかったよ」とおっしゃった。

勝子は荷物が多くなるからと着物を持参しなかったことをおおいに悔いた。フレルコ先生は章と最も親しく、お互いに尊敬している間柄である。今日先生は大学の教授であると同時にハンガリー政府の高官でもあった。私たちはペーチに伺うといつも先生のご自宅で奥様の美味しい手料理をご馳走になった。聞けば、ハンガリーではレストランでご馳走するより家庭料理こそが真心のこもった最高のおもてなしと考えられ、大変喜ばれるとのことである。

（勝子は章が亡くなった後二〇一三年、第11回VIP［血管作動性腸管ペプチド］/PACAP関連ペプチド国際シンポジウムがペーチで開かれた時、再びハンガリーを訪れた。この時の会長は、元日米協力生物医学研究所職員ドラ・レグロジ先生であった。せっかくの機会なので懐かしいハンガリーを訪ね、お世話になった先生方にお礼が言いたかったのである。残念ながらフレルコ先生ご夫妻はすでになくなっておられた。勝子は遅すぎたことを悔いながらも着物を着て先生のお墓参りをした）。

授与式の後、章は新聞社のインタビューや、テレビ取材を受けた。その後、以前シャリー先生の研究所に来ていた女性研究者の一人ジュディさんが市内を案内してくださった。ペーチはローマ時代から栄えていたので、その頃の遺跡がたくさん残っている。ちなみにペーチ大学は一四世紀にまでさかのぼる、ハンガリーで最も古い由緒ある大学であると聞く。私たちはローマ時代の遺跡やイスラム教の教会やなどを見ながら町の中心にあるカテドラルへ到着した。はからずもその時、一台の車が入ってきた。そして車から降りてこられたのはこのカテドラルの枢機卿であった。章がその日大学から名誉学位を授与されたことを案内のジュディに知らされると、枢機卿は自ら進んで私たちを案内し、すでに締められていた古くて立派な会堂の大きな重い銅の扉を開けて、カテドラルの中へ招じ入れてくださった。ひんやりして薄暗い堂内は天井が高く、歴史が刻まれた風格があった。そのうちにパイプオルガンが鳴り始めた。それは枢機卿から私たちへの特別な贈り物であった。美しく荘厳な音は会堂に響き渡り、私たちの心に深い感動を与えた。

授与式の翌日には、夕方から旧知の友人でハンガリー人の研究員シャンドラ・ヴィーグ博士が私たちを彼のご両親のワイン蔵へ招待してくれた。ハンガリーはトカイ・ワインで有名だが、医者であるヴィーグ博士のお父様はペーチ郊外にブドウ畑を持っていてワイン造りもやっておられた。以前うかがった時は、ワインのテイスティングでもてなしてくださったが、今回は皆を地下のワイン蔵へ招じ入れた。そこには三人の風格あるガウン姿の男性が並んで私たちを迎えてくれた。一同は何が始まるのか興味しんしんであった。聞けばワインの資格試験があると言う。ガウン姿の三人の男性はワイン博士だったのだ。

皆が地下へ降りると「有村章教授」と章が呼ばれた。彼が一歩前へ出ると、やおらハンガリー語で書いた紙を渡された。ハンガリー語にはルビがふってあるようで、彼はそれを読んで、一応通じたようだ。続いて章は台の上に登り、ワインのビンにコルクを詰めるテストを受けた。章はこれにも合格したようだった。それから手を上げて何やら宣誓をさせられた。宣誓がおわると博士の一人がリボンのついた立派な重い銅のメダルを章の首にかけてくれた。驚いたことに章はこれでワイン博士の資格を頂いたのである。

お土産に、章はラベルのまだ付いていない上等な白ワイン・シャルドネを三本いただいいた。一本は家族と飲むため、二本目は友人と飲むため、三本目は家の宝として残すためだそうだ。帰国した私たちは東京で親戚知人に迎えられ、お祝いをした。この時章は大学からいただいたガウンを着て、このハンガリーワインの一本目を開け、集まった兄弟親戚の人々とともに賞味した。大変コクのある美味しいワインであった。

ラング夫人

ラング夫人は、一九五八年、勝子が初めてニューオーリンズのＹＷＣＡで生け花を教えた生徒さんの一人、ティースデル夫人のお嬢さんである。当時はまだご結婚前でガールスカウトのお仕事などをしていらしたと記憶する。

この方からある日、突然お電話をいただいた。彼女はお母様の心を継いで自分の夢でもある日本庭園をつくりたいと熱く語り、いろいろ相談されてきた。その後一〇年近く、折々にサクラメント郊外のグラニットベイという地の庭園建設進行状況の報告が写真と共に送られてきた。ラング夫人は自らも山を歩いて庭石を探し、恰好な石を見つけると掘り起したり、レッドウッドの買い付けにでかけたり、庭造りに全力を傾注されていた。庭園をデザインしたのは、九七歳の長寿をまっとうされた庭師の大家、山本勝雄先生であった。

やがて完成した庭は夫人の人生観をもとに「妙和園」と名付けられた。ラング夫人は山本先生を敬愛されて、「妙和園は先生の庭です」と言われている。

ラング夫人のお父様は当時スタンダード石油会社の社長で、ティースデル夫人は着物のよく似合う上品な親日家であった。彼女は日本文化に造詣が深く、当時最高の美を言い表す日本語として米国で流行った「渋い」という言葉を好まれ、よく口にしておられた。

ある時招待を受けてティーステデル夫人のお宅に伺った。天井が低く日本的な雰囲気を持つしゃれた建築で、居間のグランドピアノの上に貫禄のある薄端が飾られていた。このお宅は、帝国ホテルの建築家として日本人にもおなじみのライトの弟子でニューオーリンズ在住のストール氏が設計したという。ストール夫人は「富美子さん」と皆に親しまれている京都出身の日本人女性である。カントリークラブに面したお宅の裏庭には灯籠があり、石でかこった池には水が注ぎ込んで、小さいながら渓流の音を楽しむことができた。

ティーステデル夫人は勝子が茶道をすることを知ってぜひお茶会をして欲しいと所望され、大勢のお客を招かれたこともあった。勝子はこのお庭にゴザを敷いて茶箱のお点前を披露した。

二〇一〇年、勝子は娘と共にこの妙和園を訪問する機会に恵まれ、ラングご夫妻のにこやかな歓迎を受けた。回遊式庭園の池の真ん中には亀をかたどった小島が浮かび、盆栽のように美しく刈り込まれた松が一本立っている。池はプールとして造られたために漂白剤が入れられており、水は奇麗な薄緑である。しかし漂白剤のために苔や植物が枯れやすいので、水は通常止められていて枯山水である。島にある松には特別なパイプを取り付け、他所から奇麗な水をひいているとのことだ。

また家を隔てた裏庭は日本庭園とは対照的なカリフォルニアの自然そのままで、大きな池には野生の動植物が生息している。しかし、この水が庭園の池に浸透しないように、裏庭の池の底には部厚いコンクリートが敷かれているという。

日本庭園には数個の石灯籠が点在している。この中には昔ニューオーリンズのティースデル宅にあった石灯籠も形よく納まっていて懐かしい。小島の浮かぶ池とは別に、もう一つ池があって渋い光を帯びた銅の太鼓橋がかかっている。橋の下を二〇匹ぐらい色とりどりの大きなコイがゆっくりと幸せそうに泳いでいた。この池で以前コイの赤ちゃんが生まれたという。

庭の外側に京都の龍安寺を小型にしたような石庭がある。九つの石が実に形よく納まっていて一瞬日本にいるような錯覚を覚えた。折から、桜や藤が満開で庭はたいへん明るく華やいでいた。庭園にはかぞえきれないほどいろいろな日本の植物が地元の植物と調和して植えられていて、松でも桜でも種類が多い。それらをみな覚えるのは並大抵のことではないが、ラング夫人はすべてをご存知で、頭のさがる思いがした。

庭の片隅にお茶室（Tea House）がある。立派な瓦屋根は茶室というよりお寺のお堂を思わせる様式である。入り口のつくばいはお母様のお庭にあったものだという。別のところにあるもう一つのつくばいには、鹿脅しがついていた。入り口はにじり口を模していたが、すべてが障子になっているので本式の茶室とは違う。室内は畳で網代と小竹の組み合わせの天井であった。

ここはしかし、椅子式の食堂として使われるらしく部屋の真ん中は掘り炬燵のようになってい て、テーブルの上にお母様の蝶模様の美しくて渋い丸帯が敷かれ、床の間には山水の落ち着いた掛け軸の前にニューオーリンズで見た薄端が飾られており、彼女の生けたお花が静かに迎えてくれた。

床の横はレッドウッドの一枚板の引き戸で、開けると小さな水屋のようになっている。母屋から窓越にみるお庭はまさに一服の名画である。総面積はわずか半エーカー（約六百坪）というが、近くの山を借景にして庭の規模がぐっと大きく見える。ラング夫人とご主人の真心が一杯詰まった「妙和園」は庭の隅々まで手の行き届いた庭であり、日本の庭と違ってどこか華やいだ米国の日本庭園である。年に春秋の数か月は無料で庭を開放している由。今年（2010）も三月から五月にかけて二二組の団体がやってくることになっている。中にはユタ州など他州からも参観者があるとのこと、今までに訪れた人は一万五千人を超えるとのことである。

勝子はこの庭を眺めながらお心づくしのお弁当をいただいた。食事の前にラング夫人は日本の庭園について、ご自分の思いや山本先生のこと、お母様のことなどを話してくださった。その中にたびたび「渋い」という言葉があって、そのたびにお母様ティースデル夫人のイメージが重なり合った。

食前に祈りを込めて夫人が鳴らしたチベットの銅製の大きなオリンの美しい音色に聞き入りながら、勝子は初めてニューオーリンズへ来た当時から今まで、親子二代、半世紀にわたる友情の絆を思い返していた。

7 最後の実験

章の病気

二〇〇三年、第6回VIP/PACAP関連ペプチド国際シンポジウムが日本の箱根で開かれた。PACAP（下垂体アデニル酸シクラーゼ活性化ポリペプチド）は章の日米協力生物医学研究所で発見されたペプチドであり、このペプチドが発見された時、章は勝子に"PACAP"と名付けようと思うと話してくれた。いわば章は生みの親であることから私たちはこの学会へは発足当初から必ず出席している。二年ごとに開かれるこの国際学会には、常時一五〇名前後の出席者があり、規模がそんなに大きくないので会員にはなじみが多い。今回はチューレン大学日米協力生物医学研究所元所員であった塩田清二先生が会長であり矢田俊彦先生はじめ多くの旧研究所員や親しい先生方のお世話のおかげでひときわ楽しい会であった。

学会後、私たちは今まで訪れたことのない日本海側を尋ねてみたいと思った。途中、宮島や広島へ立ち寄り、山口では荒木先生の、温泉津《ゆのつ》では龍野一郎先生のご両親に、島根では小泉八雲のひ孫・凡さんご夫妻のお世話になり、金沢では章が尊敬する高峰譲吉先生の足跡をたどるなどして充実した計画で、帰途、京都では定宿・柊屋《ひいらぎや》で恩師伊藤眞次先生とご一緒に会食し大変想い出に残るいい旅であった。

この旅の途中、ちょっと気になることがあった。エレベーターのない温泉津駅で、章は旅行用の大きなトランクを持ちあげることができなかったのだ。しかし私たちはさして気にもしなかった。

旅行から帰って間もなくのこと、章は近頃ちょっと体の様子がおかしいからと医師の診察を受けた。その日クリニックから帰ると、

「マルチプルミエローマ（多発性骨髄腫）だってよ。四年半だって」。

章は吐き出すように言ってそのまま書斎へ入ってしまった。

その後も彼は自分の病気がどんなものであるかを勝子にはとくに説明せず、治療方針はいっ

さい自分で決めた。わが家の健康管理はすべて章まかせであった勝子は彼の病気について問いつめることもせず、彼のなすままを見守り、必要であれば手伝うようにした。

病気の治療はチューーレン大学がんセンター長で親しい友人であるウィナー先生にお任せし、章は先生の指示に従ってひたすら治療に励んだ。指示された薬を飲み、毎週、近くのチューレン大学透析センターへ行き、今までと変わらぬ生活が続いた。ある時、透析から帰って来た章の腕が真っ青になっていた。

「どうしたの?」

「うん。看護婦の注射針がうまく入らなくて何度も注して出血したのさ」。

透析センターはチューーレン大学医学部所属だが、勝子は初めからそのセンターの雰囲気も技術もあまり好きではなかった。いい機会だからとこのさい他所の治療室へ移ることを勧めた。

「まあ嫌だ。あそこはだめよ。他所を探しましょうよ。もっといい所があるはずよ」。

「いや、いいよ。彼等は下手だけど、いい人たちだから憎めないよ」。

彼は笑って移ろうともせず最期までそこへ通い続けた。

病気が明らかになった後も、章は今までどおり勝子と一緒に研究所へ行き、仕事を続けた。

一年ばかり経つと、章は杖が必要となった。彼はクリスマスに次男の真から贈られた杖を持ち歩くようになり、車の運転もしだいに勝子任せとなっていった。病院の透析も夕方の散歩も、私たちはいつも二人一緒であった。

ハリケーン・カトリーナ

二〇〇五年の夏、史上最強のハリケーン・カトリーナがニューオーリンズ市を直撃した。被害は莫大で、四年後になっても市内には壊れた家屋が放置されているところがあった。

私たちの家にはその前夜、テキサスからカウチ博士夫妻が遊びにきていた。テレビでハリケーン襲来を知った夫妻はハイウェイの混雑を避けるため翌朝午前四時に家を出た。その二時間後、ハリケーンがニューオーリンズへ向かったと聞き、私たちも長男の住むレークチャールスへ向かった。通常三時間半のドライブのところ、ハイウェイは車のラッシュで何と一三時間かかり、やっとの思いでレークチャールスへ着いた。

私たちが逃げ出したその夜からニューオーリンズはハリケーン圏内に入り、風に加えて雨のために増水し堤防が壊れ、浸水で多くの犠牲者を出した。その時のテレビはまさに地獄の様相を映し出していた。一緒に避難するはずだった研究員と慶應大学の交換留学生とは何度も連絡を取り合っていたのだが、先方の携帯の電池が切れてから不通になった。勝子は必死に赤十字や研究所に隣接する海上警備隊などへ連絡して彼らの様子を知りたいと懇願した。しかし、大変な事態が山積しているので容易に聞き入れてもらえない。何とかして本人たちと直接話したいと勝子は眠られぬ数夜を明かした。

電話で彼らが無事ヒューストンにいることを確認した時は、全身の力が抜けそうであった。長男の家は平穏で居心地もいいので私たちはしばらく厄介になった。

九月には長男の家から二人で予定どおりフランス・ルーアンでの第7回VIP/PACAP関連ペプチド国際シンポジウムへ出席した。外国の学会にはビザ、パスポートが必要である。それに講演する章はスーツがないと困る。しかし、家を出る時はそこまで頭が回らず、大急ぎで避難してきた。勝子はフランスへはいけないのではないかと半ば諦めていた。ところが、驚いたことに章は脱出前のあの慌ただしい二時間に、パスポート、ビザはもちろんのこと、学会発表のポスターやスライド、二人の航空券、自分の着るスーツまでいっさいを車に積んできていたのである。勝子は章の迅速かつ冷静な行動に脱帽した。

パリの空港では学会長のご子息の出迎えを受け、パリからルーアンの町まで車を走らせ、章の透析のためにあらかじめ予約しておいた赤十字病院へ直行してくださった。

学会では各国の友人知人がハリケーンに見舞われた私たちのことを案じてくれた。

「研究所が使えなかったら私の大学へいらしてください。部屋を提供します」。

「お家のことで手伝いが必要だったら知らせてください。すぐハンマーを持って飛んでいきますよ」と。

またこの学会で、ルーアン大学は章を顕彰するメダルをくださった。しかし、そのメダルをいただくために壇上に上がった章は、以前とちがい心なしか疲れているように見えた。

帰宅して間もなく、在住者に限りニューオーリンズ市への一時帰宅が許可された。私たちは大喜びで帰宅した。まず研究所へ行く。幸いなことに建物にはほとんど被害がなかった。さすがに、軍の施設として建てられただけに頑丈である。ただ発電機のオイルがなくなって停電したため、大切なサンプルは皆だめになってしまった。大きな損失である。

家の庭はたくさんの枝が折れていやに明るく見えた。家の入り口にあった大きなイトスギが根こそぎ倒れ、いちばん大事にしていたほうの木はすでに頭の部分は片付けられて根っこが無惨に切り刻まれていた。幸い母屋のガラスも屋根も無事、ただ章の工作室だけは屋根が落ち、プラスターを被った大切な機械類は全部黒い泥に被われていた。そして勝子のスタジオの床は山のように膨れ上がっていた。

家の前のミシシッピ川の土手には艀《バージ》がこちら向けに三つも傾いていて、堤の上に流木がところ狭しと並んでいる。水は堤すれすれまで来たのである。あと少しでわが家も浸水するところだったのだ。ラッキーと言うほかはない。命に別状はなく家もたいした被害もなく本当に不幸中の幸いだった。

冷蔵庫の掃除や庭の片付けをして翌日は再びレークチャールスへ引き返した。この時見送りにきた研究員が「今、もう一つのハリケーンが近づいていますよ」と警告した。しかし、勝子はそれを大して気にもかけなかった。しかし二つ目のハリケーンがしだいに力を得てレークチャールスへ上陸しそうな気配ではないか。

今度は逆にニューオーリンズへ引き返さなければ。遅れをとってはいけない。長男にもそう勧めて一足先に私たちはニューオーリンズへ向かった。途中州都バトンルージュに近づく頃、日は暮れて雨がしとしと降り始めたがハイウェイの車の列はえんえんと続いていた。それでもあと一息でわが家だと頑張って運転した。

ところがバトンルージュからニューオーリンズへ向かうハイウェイが途中で閉鎖されているではないか。これでは家へ帰れない。仕方なくバトンルージュで宿を取ろうと引き返し、近くのマリオットホテルへ入った。しかし、ホテルのようすが普段とは違い、大勢の人が犬などつれて右往左往している。すでに空室は無いという。一〇ばかりのホテルへ片端から電話で問い合わせるがどこも満員で「オクラホマかジョージアまで行かなければホテルはありませんよ」という返事。頼みの赤十字すら掛け合ってはくれない。病人がいるから何とか助けて欲しいと言ってもだめの一手である。困り果てた勝子はもう一度病人がいるからとマリオットホテルに懇願した。

「ロビーのソファでも貸してくださいませんか」。

「だめです」。

あまりにもひどいと憤慨した勝子はホテルのマネージャーへ頼み込んだ。マネージャーはロビーのソファを使うことを許可してくれた。ほっとした私たちは急に空腹を覚えて食堂へ行った。と、ここもいつもとはようすがちがう。しかし私たちは気にせず椅子にかけた。と給仕らしい人が「どうぞ、好きなだけ上がってください」。

よく見るとビュッフェになっているようだ。しかしビュッフェにしてはお粗末である．食事を終えチップを支払うと私たちはロビーに戻った。勝子は親切なマネージャーにお礼を言いたくて、もう一度フロントへ行って彼に会った。

「主人はチューレン大学教授で国際学会をするときはいつもニューオーリンズのマリオットを使っています。デンバーで国際学会を主催したときもマリオットでした」。などと何気なく話した。その後、車から寝具を持ってきてソファへ寝る準備を終えほっとした。綿のような体を横たえたその時、誰かが勝子の肩を叩いた。びっくりしておき上がると「部屋が空きました」という。何というありがたい言葉であったろう。私たちは驚喜して荷物をまとめ、その部屋へ行った。これでゆっくり病人の章も休める。私たちを追いかけてハイウェイをドライブしていた長男とも電話が通じ、彼もまた私たちの部屋で一緒に寝ることができた。

しかし、この部屋は一日しか保証しないという。翌日またフロントへ行って再確認しなければならない。途方に暮れていると、カリフォルニアの次男から心配して電話があった。彼はすぐカリフォルニアへ避難することを勧め、航空券まで用意してくれた。私たちは思い切ってカリフォルニアへ飛び、長男はニューオーリンズに残ってわが家を見守ってくれた。

カリフォルニアに着いてから、私たちは疲れが出たのか二人揃って咳がひどく一か月ばかりベッドで過ごした。章は透析の予約を取らなければいけない。次男は手際よくすべてをやってくれた。まさに「子は宝」である。

連日のようにニューオーリンズの惨状が報道されており、帰らないほうがいいと子供たちばかりか、ご近所の人までが助言してくれるので、二か月半ばかりカリフォルニアで厄介になった。それでもわが家がやはり気になるので帰ることにした。

ニューオーリンズの留守宅は長男が面倒見てくれていたし、近所の人たちともｅメールで連絡ができ、親切に助けてくれていたので帰宅後はあまり困らずに生活を始めることができた。

しかし大工や左官の人手不足で家の修理はすぐというわけにはいかなかった。ハリケーンの後、黒人が少なくなったニューオーリンズには、南米人が目立つようになった。家の修理を頼んだのもまったく素人の南米人だった。彼はまだ二六歳で、一〇年前、一人でアメリカへ渡ったという。以来運転手はじめいろいろな職を転々として、今は大工や左官をしている。将来は自分の会社を立ちあげる夢に向かって一所懸命働いていた。弟を連れて私たちのところにやってきた彼は、ぜひ仕事をやらせて欲しいと懇願した。見たところ正直で働き者らしかったので頼むことにした。

勝子は章の蔵書から、屋根の葺き替えや壁のやり方などを詳しく説明した本を彼に渡し、勉強しなさいと励ました。彼は弟と二人で夜遅くまでよく働いた。彼らの働く建築現場には米国の作業場で良く耳にするやかましいラジオ音楽の音はなかった。ある時ペンキを買いに行くので勝子にも一緒にいって欲しいといわれ車に同乗した。ペンキ屋へ行く途中の車の中で彼は身の上話しをした。

「今一番したいことは何?」

「両親に会いたい」と言う。一六歳から一度も国へ帰っていない彼はずっと両親にも会っていないのだ。これを聞いて勝子はほろりとした。

こうして壊れた家も一年ばかりで修復が終わった。保険のおかげで金銭的にも負担は軽かった。もうハリケーンはこりごりとたくさんの友人がこの町を出て行き、帰らなかった。一時は人口が半減し、黒人の少ない町はニューオーリンズではない違う町のように感じられた。

あれから数年後の今はもとへ戻りつつある。

最後の実験

章はその後しだいに不調を訴えるようになって、食事をするにも食堂にくるのがつらそうだったので、私たちは寝室で一緒に食べることが多くなった。毎日の散歩も勝子の手をとりながら土手を上り、勝子を先にやって章は杖をつきながら後から半分の距離を歩いた。それでも弱音を吐くことも散歩を休むこともなく淡々としていた。

「ゆく河の流れは絶えずして、しかももとの水にあらず」。

散歩しながら章はよく方丈記の一節を口ずさんでいた。鴨長明に近い心境であったのかもしれない。

章はある日ふと一言「僕の病気は、やはり若いころ実験でラジオイムノアッセイをして放射性物質を扱ったからではないかと思うよ」と漏らした。

やがて彼は車椅子が必要になった。強がりやさんが抵抗なく素直に自分を人に任せることに勝子は寂しさを覚える一方、それが彼の強さだと知った。しかし、後日勝子は口では何も言わない章が一枚の紙の端切れに書き付けた次の言葉を見つけて胸が痛んだ。

「息すれば胸痛み。歩かんとすれば膝骨痛む」。

章はPACAPが骨髄腫腎の治療に効果があることを、友人で主治医の腎臓専門のバトマン先生と一緒に論文にし専門誌"*Blood*"に投稿した。そして腎臓へのPACAPの副作用を調べたいと自ら被験者になることを申し出た。バトマン先生は章のこの申し出を快く受け入れて、早速人体実験の用意をしてくださった。この時同伴した勝子は章と共に一部始終を見聞した。彼はPACAPを投与した後

「ちょっと顔色がよくなって気持がいいよ。PACAPに副作用がないことは嬉しいな」

とご機嫌だった。

最後の家族旅行

二〇〇七年七月三一日は私たちの結婚五〇周年記念日であった。子供たちが日本列島を北か

ら南まで家族全員で旅行しようというすばらしい計画を立ててくれた。次男・真はホテルの予約に加えて父親のためにいく先々で透析の予約を入れた。長男・次郎夫婦は結婚して初めての帰国であった。新妻スーザンを親戚一同に紹介するいい機会だ。

旅は北海道の知床から始まった。知床は私の憧れの土地、以前から行ってみたいと思っていたところで期待も大きかった。初夏の光を浴びながら真の運転する車は人気のない道を東へ半島に沿って進む。途中、野生のエゾシカや北国特有の野生動植物を見ながら車はハマユウの咲く広い海岸へでた。内地とはすっかりようすが違う北海道、空気も何かしら美味しい。その夜は海沿いのホテルで久しぶりに海産物を賞味した。翌日は刑務所で有名な網走から山道を南へ下り、一風変わった山腹の宿で、温泉に入り、洒落たお料理をいただき、豪華な気分で一夜を過ごした。次の日はガタゴトと列車に乗って札幌まで。途中、名前だけは聞いたことのある町や村を幾つか通り過ぎた。旭川では北大時代の黒島先生や齋藤先生のことを思い出した。やがて列車は懐かしい古巣、札幌へ到着した。四〇年を経た札幌は、オリンピック以来町が様変わりして大変近代的になっていた。私たちは浦島太郎よろしく、まったく北も南も分からぬお上りさんであった。それでも老舗グランドホテルはかつてのままで、そこを宿に早速懐かしい友人、知人へ連絡を取った。

章はまず透析をしなくてはならない。章の元学生で研究員の石田祐一先生に連絡をとる。先生のお嬢様も医学の道を進み今では立派な医師として札幌中央病院で働いていらっしゃる由で早速、石田先生のお嬢様が働いておられる病院で透析を受けるよう手配していただいた。米国とは違って日本の病院はちょっと煩雑な所もあるが何ごとも丁寧、親切、清潔で信頼できた。

札幌で勝子は真っ先に長い間生け花でお世話になった佐々木秋放先生をお訪ねした。一生をいけばなに捧げられた先生は、勝子が最も尊敬するその道の第一人者である。生け花を通し国の文化使節としてほとんど全世界をまわられ、ニューオーリンズにも二、三度訪ねてくださり、生け花のデモやワークショップや展覧会に大作を生けてくださった。先生はまた勝子と共に生け花インターナショナル札幌支部創設にご尽力なさった。

すでに最愛のご主人様とご子息を亡くされていた先生は、勝子の訪問を大変喜ばれ、ご自分で創設なさった生け花、茶道など日本の伝統芸術を教える私学校をご案内くださった。「今の若人は日本文化を軽視して、生け花よりフラワーデザインを好むのよ」と先生は学校経営のご苦労話をしてくださった。八〇歳の高齢にもかかわらず、先生は昔と変わらずお元気で優雅、しかも意欲的に活躍しておられてすばらしい。

先生は長年の花友だちの和田百合子様（札幌医大の和田寿郎教授夫人）もご一緒に私たちを一日

タクシーで小樽へ案内してくださった。真っ先に札幌市北31条東2丁目を尋ねたが、あたりはすっかり家が立ち並んで私たちの古巣は跡形もなく、広々した畑も姿を消していた。まさに「故郷は遠くにありて思うもの」である。その後、新鮮な北海道の海の幸のお昼をご馳走になり、ラベンダー畑を鑑賞したり小樽の繁華街を歩いたりして楽しい一日をすごした。

最後に佐々木先生はご薫父のお写真や出版されたご本などを見せながら貴重なお話をたくさん聞かせてくださった。そしてお別れの時、先生ご愛用のネックレスを勝子にくださった。

二〇一三年、佐々木先生の長年の功績にたいして北海道の文化功労章が授与された。その勲章を授与したのは、章の後輩で北大元総長・廣重力先生だった由。

次の夜は石田先生のお世話で北大の先生方が歓迎会をしてくださった。会場には懐かしい顔がずらりと並んで夢のようであった。廣重力先生をはじめ札幌在住小関先生、加えて旭川から黒島先生、齋藤先生など。皆気心のあった同志で話が弾んだ。

勝子は章が助手時代の苦しい札幌生活の思い出を手繰りつつ、心に浮かぶままを話した。石炭手当の嬉しかったこと、教室の皆さんに引っ越しのお手伝いをして頂いたこと……。会の半ばで上原聡先生家族が全員起立した。先生ご夫婦は新婚時代、数年章の研究所へ留学されていた。アメリカでは赤ちゃんだった長女の未来ちゃんがきれいな娘さんに成長し今は北大の医学生になっていた。一家が米国から帰国後生まれた長男の聡人君とは初めての面会だった。先生に続いて奥様も懐かしそうにお話しくださった。先生を支えて来られた奥様は、今も昔のまま控えめでしっかりしていらした。楽しい時は瞬く間に過ぎ、いよいよお別れとなった。先生方は私たちを見送るために出口に人垣を作り拍手で送り出してくださった。

懐かしい札幌の思い出を後に、私たちは再び汽車で函館に向かった。その日、函館は夏祭の花火大会でにぎわっていた。町中の人が浴衣姿で花火の会場めざして歩いていた。私たちもホテルのベランダへ出て心置きなく花火を楽しんだ。やがて花火も終わり夜風がひんやりしてきたので皆室内へ入った。が、なぜか章だけは名残惜しそうに外に残っていた。このことを思い起こすたびに、勝子は自分が本当に間抜けだったと悔いている。

次の日は五稜郭を見たり展望台へ上ったりして函館の町を満喫した。その後お昼を食べようと海鮮市場へ行った。私たちは泳いでいるイカやみごとなタラバガニに目を見張りながら市場を歩いた。その時である、目の前で章が突然倒れた。勝子はびっくりして抱え起こそうとしたが力が足りず、側にいた通行人が親切にも章を抱き上げてくれた。その後、章は普段と変わりなくイカ丼を食べた。勝子もまたそのことをあまり気にかけなかった。

翌日一同は再び列車で八戸へ向かった。人気ないグリーン車はまるで私たち一家の専用車のようであった。しかし列車が一戸へ近づいた頃から、章のようすが少しおかしくなった。彼は一戸でおりると言い出したのである。そして歩けないから車椅子が欲しいと言う。勝子はびっくりしながらも大急ぎで車椅子を手配した。初めての土地で夜だったし予定外の下車でホテルも病院も分からず大変不安であった。何とか八戸までいけないものか、あるいは思い切って東京まで走ろうかとも考えた。しかし章のようすからそれは難しそうだ。とりあえず一戸でホテルを見つけて章を休ませ、明朝、病院へ行こう。その夜は足湯をしてゆっくり寝かせた。

翌朝未明、ますます章のようすがおかしい。病院へ行こうとタクシーを呼んだが、章のようすがあまりにも異常なので救急車を手配した。知らない土地で何も分からない。すべて救急車の判断に任せた。幸い近くに東北大学系列で新設まもない磐井病院があった。何と幸運であったことか。救急車は章を磐井病院救急室へ搬送した。章のようすは看護師も首を振るほど重体で、勝子もこれが最期となるかも知れないと覚悟しつつ、章の名前を呼び続けた。一大事と感じた勝子はホテルから子供たち全員を呼び寄せた。

章は奇跡的に命拾いをした。夜が明けるとこの病院が山の上にあることが分かった。見晴らしのいい病室の窓からの眺めは実に美しい。しっとりとして煙ぶるような朝、燃えるような夕日など都会では味わえない自然の恵みにあふれた場所であった。滞在中に勝子は幾枚かの絵を描いた。章はしだいに元気を取り戻し「東北には美人が多いな」。「ここの看護婦さんは色白できれいだ」。などと冗談を飛ばすほどになった。こうして入院二週間で章はめでたく退院した。ひとえに病院の皆さんの献身的な手当と友人知人の祈りのおかげである。勝子は、ただ感謝にあふれて頭をさげるばかりであった。

章は故郷鹿児島の指宿《いぶすき》へ帰り、しばらく静養することにした。この旅程変更で、私たちのために各地で計画を立て待ってくださっていた方々にはお詫びの言葉もなかった。

列車で東京へ行き、羽田から飛行機で鹿児島へ飛び、指宿まで自動車でということになった。しかし、これを聞いて元研究員の千葉大の龍野一郎先生が「鹿児島行きの飛行機へ乗る前にぜひ先生を診察させてください。それで先生の体力が保証できるようでしたら鹿児島へいらしてください」とわざわざ聴診器を携えて、千葉から羽田空港へ駆けつけてくださった。先生は空港で章を診察したあと、「大丈夫です」と鹿児島行きを許可してくださった。おかげで勝子は安心して同行できた。

また鹿児島では、やはり元研究員・宮田篤郎先生が「ぜひ当地で専門医の診察を受けください。先生の健康が保証できるまで動かないように。いずれにしても今晩は病院で一泊休んでください」、そして大丈夫ということであれば指宿へ行くようにとご提案くださった。お言葉に従い私たちは鹿児島空港から先生ご指定の病院に直行した。着くとすぐに宮田先生の連絡を受けていた専門医の検査を受けることができ、その病院で一泊することになった。幸いなことに、ここでも章の健康状態には異常が認められず、大丈夫と太鼓判を押された。

こうしてその翌日、私たちは故郷指宿へ向かったのである。滞在した指宿ロイヤルホテルは、章の弟の嫁・佳子が経営しているので、彼女やその弟の細川明人夫妻の厚意に甘えて過ごすことができた。この間、真は自分の家族を東京へ残し、私たちに同行しずっと世話をしてくれた。真が透析の予約も取ってくれたし、ホテルの自動車で私たちの足となり手となって日常の用事を助けてくれた。章の回復に合わせて、これまで行く機会のなかった近くの名所旧跡にも連れて行ってくれた。

章が以前と変わらず動けるようになってからは、ホテルから遠く望む佐多岬までも遠征した。温泉につかったり潮風を受け波の音を聞いたりしながら一〇日ばかりゆっくりと静養することができた。章はこの間好きな本もいろいろ読んだ。

さらに嬉しいことに、神戸から松尾壽之ご夫妻が訪ねてくださり、かけがえのない時間を過ごすことができた。東北の病院生活から思えばまさに奇跡としか言いようのない章の回復ぶりであった。

私たちは再び東京へ戻った。東京では塩田清二先生や井上金治先生など元研究員が待っていた。彼らは再び知人や先生方と一緒に私たちの歓迎会をしてくださった。章は集まってくださった先生方とにこやかに話し本当に嬉しそうであった。

一方、親戚の集いでは中江の健ちゃんが私たちの結婚五〇周年記念の祝賀会をすると張り切って家族史を作り、章には紋付袴の衣装を借りておいてくれた。しかし、期待に応えられず大変残念であった。代わりに、一か月前に結婚したばかりの次郎夫妻が揃って和服姿で並び、披露宴ができた。記念写真も撮ることができて、彼らにとっては思い出深い訪日になった。

皆に支えられて、章は奇跡の帰宅、めでたく再び米国の土地を踏むことができたのである。

章の死

二〇〇七年の一一月ごろから、章の病状は目に見えて悪化の一途をたどっていった。ある日、ミシシッピ川の土手を散歩中に、章は突然足が利かなくって道端にぺったりと座り込んでしまった。勝子は土手に這いつくばって章の手を背中へ回し、彼が起き上がれるように助けた。たまたま通りかかった人が「どうしましたか。手伝いましょうか」と親切に声をかけてくれた。

「結構です」。

勝子の背中へ手をかけた章は、かなり時間をかけてなんとか膝まで立ち上がることができた。それで勝子は彼の手をしっかり握り、ゆっくり土手を降り自宅へ連れ帰ったのである。病気はすでにかなり進行していた。

感謝祭がやってきた。私たちは例年にならって研究員たちと共にイングリッシュターンでお祝いのディナーをした。章は食欲もかなりあって、皆と楽しそうに話していた。ところがこの感謝祭の後から章の病状は日に日に悪化していった。

「最近ズボンが嵌まらなくなったよ。太ったらしい」。

「そう、じゃあ、サイズの大きいのを買いましょうか」。

しかしこれは大変なことだと直感し、ウィナー先生に連絡した。章が最近太ったこともカルシウムの量が多過ぎるからであり、病状が悪化している兆しであった。透析が間に合わないのでウィナー先生にすすめられるまま入院した。そして先生はかなり強い薬を処方した。章はその薬をみて「モルヒネか」と吐き出すように言って家に帰りたがったので、再び自宅へ帰ることにした。移動式の便器を買い、ベッドも上下に動くものにした。

ある朝ふと寝ている彼が「お母さん」と母親を呼んだ。今までそんなことをいったことはない。おかしいなと思っていると、しばらくしてもう一度「お母さん」、続いて「お父さん」と父親を呼ぶ。私は章が父親を呼ぶのを聞いたことがない。続いて「勝子」と呼んだ。呼ばれて私は嬉しかったが、これはただごとではないと思った。私は長男・次郎に父親の容態を話した。彼はスーザンとともにすぐ駆けつけてくれた。

それからほとんど章から目を離すことはできず、看護師を雇うことにした。しかし彼女の世話になったのはほんの一、二回であった。章の容態は日に日に悪化した。私は真と美香に連絡を取り、親しいバトマン先生にも連絡した。先生はすぐとんで来てくださった。先生を見た章は嬉しそうに先生と実験のことなど話した。やがて章は食べ物が喉を通らなくなった。私は食べ物を補給するためには病院へ行って管を入れてもらうのがいいかどうか、親しい中国人の元研究員ミンちゃんに相談した。彼はそれはしないほうがいいのではないかという。

翌日カリフォルニアから真が到着した。彼が夏に日本へ家族旅行した時の写真を機械に入れて写すと章は嬉しそうにそれを眺めた。再びバトマン先生がお見舞いに来てくださった時、章は反応がなかった。私は別室で子供たちとともに今後のことについて先生と相談した。

「有村先生は私のお父さんのような方です。これが私の父であってももう何もしません」。

バトマン先生のお言葉に私たちも覚悟ができた。章はとうとう食べられなくなって、もっぱら水を欲しがった。私は彼の口へ綿に浸した水を運んだ。苦しそうな息遣いはかわいそうでならなかった。やがて夜になったので私は隣部屋で横になった。代わりに医師の次郎が父親の世話をしてくれた。一二月一〇日の朝であった。次郎が私のところへやってきて、

「亡くなったよ」と告げた。

彼は父親としばらく話した。章は自分の骨壷は一般に使われる白いものでなく、芸術的なものにしてほしいといった由。そしてその他いろいろ次郎に話し

「それでいいかな」と言った。

苦しそうな父親を見て次郎は聴診器をあててようすを見た。

「お父さん少し休んだら」という息子のことばを聞いて章はぐったりとした。

それが最期であった。さすがは医者、自分でも納得して亡くなったのであろう。

私は彼が亡くなったとき涙が出なかった。自分は感情がないのだろうか？　そんなはずはない。どうしてであろうか？　よしとしたこと、できる限りをやり終えて迎える最期に悔いはない。これでいいのだと私は納得した。

亡くなった章の顔は崇高で美しく私は感動した。八三歳の彼の生涯は学者として夫として、父親としてすばらしく、最後まで薩摩男児の魂を生き抜いた立派な人生であった。

チェロと章

生前、子供たちが楽器を習いはじめると、章はチェロを習いたいと言いだした。早速安いチェロを買い、弓はチェリストの山田先生の奥様から譲っていただいた。

初めは近くに住むヒルデブラントという女性オーケストラメンバーの先生のお宅に、章は嬉々として通っていた。その先生は同じ楽団員と結婚して引っ越されてしまったので、別の楽団員、ケント・ジャンセンという先生に出稽古をお願いした。彼の奥さんは日本人で、チューレン大学で日本語を教えている。

やがて章は機械製のチェロに飽き足らなくなり、もっと良いチェロが欲しいと言いだした。日系二世のジャック・菅井・ベイカーというユタの楽器作りの学校の生徒がいた。章は彼の作った手製のチェロを買うことにした。ジャックは自作のチェロをユタから車でニューオーリンズまで届けてくれた。途中事故にあったそうだが、幸いにもチェロは無事だった。

ある日ジャンセン先生は、すばらしいイタリア製のチェロを持って来てくださった。その音色は、今まで弾いていたチェロとは格段に違って美しい。章は「一音惚れ」で、そのチェロを購入することにした。

暇さえあればそのチェロを弾いて妙なる音色を楽しんでいた。

二〇〇七年一二月一〇日、科学者としてノーベル賞級の仕事をなしとげた有村章は八三歳の生涯を閉じた。

章の葬儀は、まず長年勤めたチューレン大学のチャペルでささやかに執り行われた。章のチェロの先生と友人のピアノで、章の希望したとおり、音楽にあふれた心のこもった葬儀であった。

チューレン大学医学部の葬儀も、研究仲間に見守られながら章の大好きなショパンの葬送行進曲によって幕を下ろした。

日本での葬儀では、彼の姪二人のチェロとピアノ演奏でみたされ、やはりショパンの葬送行進曲によって送りだされた。

章亡き後、日米協力生物医学研究所は空き家となり、今では見る影もない。日米はじめ世界中からやって来た一五名近くの研究員が、いそいそと働いて世界に誇る発見や研究成果を生み出していた研究所の面影はない。

「日米協力生物医学研究所一九八五年日本の善意によって設立」

壁にかけられた銘板が、当時をしのばせるばかりである。

章からの大きなプレゼント、万能スタジオ

小さい頃から勝子は絵が好きだった。確か小学校二年生のとき、朝日新聞が戦地の兵隊さんへ送る絵を募集した。入選して自分の名前が新聞に出て嬉しかったのを覚えている。進学のとき美術学校を希望したが、父に反対されて諦めた。大学時代も、数回寮の近くの独立会の先生のところで油絵の指導を受けた。

結婚して子供も巣立った後、このままでは自分のしたいことをせずに人生が終わってしまうのではないかと章に相談した。彼はせっかく習うならぜひ大学で単位を取ることを奨めた。

調べてみると、チューレン大学のニューカム女子大は、勝子が日本の大学で取った単位を認めてくれるという。つまり美術部の場合、美術史を三単位とれば後は皆実習であることがわかった。英語で苦労することはなさそうだ。勝子は大喜びで早速入学手続をした。

デッサン、プリント、彫刻、油絵、陶器など、授業は毎日楽しかった。小さいころからの長年の夢がかなったのである。美術史の授業はテープにとり、帰宅後にノートにタイプすることにした。美術史は絵の記憶とともに、それが描かれた年代を覚えなくてはならない。四〇歳を過ぎた主婦には若い人のような記憶力はない。苦労しているのを見た章は、暗記法の本を買ってきて、一緒に勉強しようと励ましてくれた。おかげで勝子は美術史の試験もパスすることがで

きた。

「君のレコーダ勉強法は良さそうだね」とは章の祝福のことば。

一九七七年、勝子はチューレーン大学のニューカム女子大学の美術部を卒業した。若い人たちに混じり、角帽をかぶりガウンを羽織って卒業式に臨み、二度目の卒業証書を手にした。ひとえに章と家族のおかげと、感無量であった。

しかし、章の秘書となって絵を描くゆとりはなかった。それでパートに切り替えてもらい、一九九八年、当地のニューオーリンズ・アカデミーという成人学校で週一日だけ絵のコースをとり始めた。クラスメートに囲まれそれは楽しい日々であった。

章は二〇〇二年、勝子のために立派なスタジオを建ててくれた。仕事から帰ると章は庭を歩き回り、夜遅くまでコンピュータに向かっていた。論文を書いているのかと覗くと、何と私のスタジオの設計図だという。ある日
「勝子、ちょっと来てごらん」と私を庭に連れ出した。

「ここが入口、ここまでがスタジオで、ここに日本の風呂場、ここは僕の工作室だよ」と、頭の中で完成した設計図を実地に示してくれた。

それは九メートル四方、天井高三・六メートルもの大きなスタジオであった。やがて建築家

との打合せがはじまり、部屋を明るくするために天窓はどうかという話になった。章は「よいアイディアだが、構造上無理だろう」と言ったが、建築家は「大丈夫」と主張した。しかし、後になってやはり無理であることが判明した。章の頭の中では、専門家に劣らぬ緻密な計画ができていたのである。

母屋のドアを開けると、雰囲気が一変して、解放感がある板敷きの明るいスタジオがひろがる。北側には窓、南側にも床から天井まで一面にいくつもの大きな窓ガラスで、窓越しに中庭の樫の大木が見える。天井には三〇センチ段差でシャンデリア式に二重に昼光色の蛍光灯がついていて、夜でも昼のように明るい。壁一面は作り付けの棚で、大小あらゆる寸法の百ぐらいのカンヴァスがゆうに収納できる。もう一面は引出しやカバー付の作り付けの棚になっている。どの壁にも、章の姪の夫・荒川秀夫が考案した自由に絵の位置を変えることのできる便利なフックが取り付けられており、天井まで絵を飾ることができる。壁の一面はくすんだ緑色で、残りの壁はすべて白っぽく明るい色である。写実的な絵には色付きの背景、モダンな絵には白の背景が映えると考えたからである。

スタジオの一隅にピアノが置かれ、洒落た照明器具が二つ下がっている。音楽好きな章は、音響効果も考えていた。

スタジオの裏側は広い収納場になっていて、頑丈な棚には、ほとんどのものがきれいに収まる。収納場の手前の階段を上がると中二階になる。ここは初め書庫兼物置のつもりだったが、思ったより天井が高いので、せっかくだから日本間にしようと、二人だけで茶室をこしらえることにした。必ずしも真っ直ぐでない壁面の内装には熟練を要したが、アパートの改築で鍛えた章は、いとも簡単に窓に小洒落た障子窓をつけ、畳と同じ面にゆか床をはめて床の間を作った。こうしてカリフォルニアから取り寄せた畳を敷くと、かわいい四畳の茶室ができあがった。

スタジオの先は広々としたお風呂場。米国の小さな風呂では思う存分お湯をかぶることができないので、日本風のお風呂は章の長年の夢だったのである。岩風呂を思わせるタイルで温泉のような雰囲気があり、湯船からは庭の木立を通して青空が見える。ジャグジーもつけた。

スタジオから一段下がった部屋は、章の工作室。ラジアルソーから額縁をつくるマイターまで、いろいろな大工道具がそろっている。アメリカの道具に加え、今では珍しい鋸、鉋などの日本の伝統的な道具も並んでいる。

「大工は危険が伴うので一瞬の緊張感がいい」と章は言っていた。

仕事の後や夕方にはご自慢の日本風呂を浴び、広いスタジオのソファに座って、庭を眺めながらビールを楽しんだものである。

スタジオができてから、それまで台所で描いていた私は、食事のたびに描きかけの絵を片づける必要がなくなった。夜中まで絵を描いていても、誰も何も言わない。かなり大きな絵も描けるし、何枚もの絵を同時に描くこともでき、疲れれば手を休めてお茶を飲みながら美しい庭を眺めることもできる。

勝子はこのスタジオで数回絵の個展をした。展覧会へ来てくれた芸術家や友人は、絵よりもこのスタジオを「すばらしい」と褒めてくれた。

またアカデミーの親しい絵仲間十数人のグループで、毎月批評会もすることにして、今日まで続いている。

このスタジオは、章のチェロの先生の音楽発表会や、生け花のワークショップ、茶道の練習や日本人会の会合、時にはニューオーリンズでの医学学会へ出席した先生方のレセプションと大活躍している。

「君はここで最期まで絵を描くといいよ。死ぬ時はここで絵筆を持って逝くといいよ」と、章は死に方まで教えてくれた。

二〇〇五年、ハリケーン・カトリーナの後、退職した勝子が絵に専念する時がきた。

二〇〇七年、章に先立たれたが、今も絵を描くたびに喜びに満たされる。

絵を評価してもらうために、あちこちの展覧会に出品している。近くはテキサス、フロリダ、シカゴ、カリフォリニア、ペンシルバニアなど、ニューヨークでは複数の展覧会に出展し、日本でも国立新美術館の展覧会「秋耕会」で賞をいただいた。

絵を通して誰かの支えとなりたい、そんな気持から勝子は何枚かの絵を当地と日本の病院へ寄付した。病院は喜んで勝子の名を刻んだプレートを作って飾ってくれた。おかげで絵が立派に見える。これらの絵が患者さんに前向きのメッセージを届けるよう祈っている。

二〇一〇年の春、当地のある展覧会で思いがけないことがあった。見慣れぬ若いご夫婦が勝子の所にやって来て

「あなたに絵を依頼することができますか」と聞いた。

「依頼されて絵を描いたことはありませんが、なんでしょうか」。

彼らは数か月前、最愛のひとり息子を不慮の事故で亡くしていた。ついては彼の思い出の絵を描いて欲しいというのであった。

勝子はそんなことでお役に立つならと、依頼を引き受けることにした。

それから間もなく拙宅へ奥さんがやって来て「息子がいちばん好きだった景色です」と一枚の写真を差し出した。それは美しい山の写真であった。勝子はその写真を眺めているうちに不

思議な気持になった。写真の真ん中にさびれて不思議な白い小屋があり、息子さんがその小屋へ向かって歩いているのだ。勝子はその暗示的な景色を眺めているうちに心の奥までジーンとして来た。これはいい加減には描けない絵だ。

何とかご夫婦を慰めることができるような絵になりますようにと、一筆一筆に祈りを込めてその絵を描き上げた。

「この絵は食堂に飾ります、私たちが毎日息子に会うことができるように。それから有村さん、あなたは今日から私たちの家族の一員です」。

ご夫妻の嬉しそうなようすを見て勝子は絵描きとして至上の喜びを味わった。

興奮の三日間

二〇一一年八月、日本クラブ盆踊りの後、勝子は風邪を引き二か月ばかり体調を崩し、しばらく長男・次郎の家でやっかいになった。日本人会の方々からはお見舞いのお言葉をいただき、感謝している。こんななか、毎年参加しているポイドラス・ホームでの芸術祭がやってきた。この会には毎年土地のアーティスト百名以上が参加する。勝子は今年三枚の油絵を出品することにした。選考が行われた一一月四日金曜日、勝子の作品が賞をいただいたと連絡を受けた。友人からも祝福を受け、勝子は夢心地であった。

一方、日本人クラブの推薦でAPAS（Asian Pacific American Association）からフランク原賞をいただくことになった。勝子にはまったく予期しないことであった。ちょうど絵の展覧会開催中の一一月五日土曜日にその授与式が行われることになり、未だ体調が完全ではなかったが、ひとりで何とか着物を着て、会場のシェラトンホテルへ出かけた。会場は数百人の色鮮やかに盛装した中国、韓国、フィリッピン、インドネシアなど多くのアジア人で華やいでいた。やがて日本人会会長マイク・ダン氏初めボブ・ターナー氏などの懐かしい面々が現れた。私たちは同じテーブルに座り、さまざまな催しを楽しみ、食事をいただいた。食後の余興で突然勝子の名前が呼ばれた。勝子は気がつかなかったのだが、籤が当たったのだと同じテーブルの皆に促されて、半信半疑でステージの前へ進んだ。確かにそれは勝子への賞品で、子供なども喜ぶゲームだった。機械に疎い私にとって、それはまさに猫に小判だった。私は皆の拍手をあびて賞品を受け取った。それから踊りなど幾つかの余興の後、いよいよ本番がきた。各国代表の名前が呼ばれ、勝子の順番がやって来た。勝子は壇に昇り、自分の名前が掘り込まれた盾を手にフラッシュを浴びた。それは勝子の一生で記念すべき貴重な瞬間であった。

絵の展覧会はこの翌日、六日日曜日に終わった。勝子は出品した絵を会場へ引き取りに行った。ところが絵が見当らない。なんと全部売れたと言うのだ。今まで展覧会で出品した絵が全部売れたことは一度もない。勝子は耳を疑った。この数日間、次々に起こった思いがけない出来事に、ただ驚くばかりであった。

浜松の思い出と浜松師範付属の同窓生

一九三三年一二月一四日、勝子は鉄鋼業を営んでいた父・山下岩次郎と母たつ（旧姓水野）の次女として静岡県浜松市で産声をあげた。母は手先の器用な人で、よく縫い物をしていた。しかし勝子が五歳のとき、母は結核性腹膜炎で浜松の赤十字病院に入院することになり、勝子は父の姉、玉知屋（テイラー）のとく伯母さんに預けられた。勝子は伯母に連れられて母を見舞ったが、一年半の療養も効果なく、帰らぬ人となった。

「この子を置いていくのかしら」と言った弱々しい母の声を勝子は今も鮮明に覚えている。享年数えの二九歳、短い生涯であった。

女の子がいない伯母は勝子をわが娘のようにかわいがり、小学校入学前からお琴、お茶、お花などのお稽古ごとを習わせ、勝子も伯母を「お母ちゃん」と呼ぶようになった。

一九四一年、勝子は浜松師範付属小学校に入学した。入学式にはとく伯母さんが付き添ってくれた。入学前の口頭試問には、父が付き添ってくれた。忙しい父が仕事を休んで子供の学校へ行くのは珍しいことであった。この学校は一学年四〇人のクラスが二つで、一、二年生は男女共学、三年生から男女別となった。

小学校一年の一二月八日、太平洋戦争が勃発した。朝礼で学校のラジオから「本日未明、わが国は米英両国に対し戦闘状態に入れり」と緊張したアナウンスを聞いた。子供ながらにたいへんなことが始まったと思った。

学校の日課は朝礼で始まった。大きな運動場に全校生徒が集まり、休めの姿勢で目をつむって静かに音楽を聴きながら心の準備をする。校長先生の訓示の後、全員はラジオ体操をしてから教室に入る。教室では毎朝御製（主に明治天皇の御製）を歌った。昼食は皆が手を合わせて「一滴の水にも天地の恩寵有り一粒の米にも万人の力籠れり、感謝していただきます」と大きな声で斉唱し、各自が持参したお弁当をいただいた。お茶汲みは当番制で、調理室に大きなお薬缶をとりに行き、皆にお茶を注いで回る。勝子はアルミのコップをもっていなかったので、お弁当箱の蓋をお茶碗代わりに使っていた。他にも同じような友達が幾人かいた。一日の授業が終わると、全生徒が自分の机と椅子をいっせいに教室の後ろへ運び、その日の当番が教室の床の拭き掃除をする。前半分が終わると机を前へ戻して後の半分の雑巾がけをする。一週間交代でトイレの掃除係が回ってくる。勝子はトイレの掃除の日には、登校する道端のアザミやレンゲ等の野花を摘んで行って空き瓶に入れて飾った。

小学校低学年時代、勝子はとく伯母さんの店、玉知屋のある商店街から通学していた。入学当時は毎日一軒先の杏林堂薬局のマーちゃん（後、杏林堂経営に成功し四〇店舗近い薬局を経営、将棋八段、卓球の腕もあって中国の卓球団を招請した渥美雅之氏）と一緒にバスで通学した。

勝子にはほとんど記憶がないが、伯母からしばしば聞かされた話がある。ある時私は友達と三階の屋根に登り、その一番先に座って足をぶらぶらさせていた。これを見た伯母はびっくり仰天、大声を出したら私が驚いて落ちてはいけないと、後ろから慎重に近寄りぎゅっと摑んで無事連れ戻したという。かなりお転婆だったのであろう。

外で遊ぶ場所が少ないので、勝子はよく友達を連れて来て家の中でかくれんぼなどをして遊んだ。押し入れは恰好の隠れ場で、いつもお客布団をくしゃくしゃにした。伯母は片づけに大変だったと思う。しかし勝子は一度も叱られた覚えはない。

ある時は伯母が勝子のタンスを開けてびっくりした。引き出しの中では蚕が蛾にかえって今にも飛び出そうとしていたのだ。勝子は蚕から蛾になる理科の観察に、許可なくタンスの引き出しを使ったのだった。

伯母の次男で従兄の惟ちゃんは中学で柔道部に属していた。柔道の技が得意（三段）でよく私を相手に二階の仏間で練習をした。ばたばたと勝子は投げられたり締められたりの特訓を受けた。伯母はよく「止めなさい、床が抜ける！」と叫んでいた。

伯母は勝子に家事を手伝わせた。台所の後片づけはたいてい勝子の仕事であった。背の低い勝子は、自分の目線より上になるほど大きなお鉢（飯びつ）を洗ったり結構いろいろなことを言いつけられた。しかし伯母が他の人に勝子のことを褒めて話すのを聞いて、内心嬉しかった。

ある時お客があった。勝子は一階からお茶とお菓子をお盆にのせて二階の客間へ行き、伯母から教わったとおり戸口で座って唐紙を開け、ていねいにお辞儀をした。それからテーブルのお客の前へお菓子とお茶を差し出した。なぜか勝子はそのままそこへ居座った。

お客が帰ってから伯母は「勝ちゃんいやねえ。お菓子を欲しそうにしていつまでも座っているのだもの」と笑った。私はそんなつもりはなかったのだが。

私が家事を厭わないのはこうした伯母のおかげである。

いたずらは家だけではなかった。三、四年生のある日、教壇の先生の机の上の花瓶に奇麗な南天の実が生けてあった。一人の生徒がその実を摘んだ。続いて他の生徒も一つ二つとつまんで、とうとう南天は丸裸になってしまった。そこへ先生がやってこられた。先生はかんかんに怒って、実を摘んだ生徒八人全員を学校のお蔵に押し込めた。私もその一人で、皆と一緒にお蔵に入った。お蔵は暗かったが皆おもしろがって結構楽しんだ。

勝子は今でもそうだがよくものを忘れる。忘れ物をして家へ取りに帰ることが度重なったので、先生は私を「忘れものの大将」と呼んだ。忘れた学生は廊下に立たされることもあった。そろばんの時間にはそろばんの上に座らされ、足が痛かったことを覚えている。

その頃はまだ映画館は子供が行く所ではないと考えられていた。中学生も映画を見に行くと「不良」と言われ、先生に叱られた。しかし、学校では一年に一、二回雨天体操場でチャップリンなど子供向けの映画が上映された。生徒は全員床に座ってこれを見た。もちろん白黒、無声映画である。レコードの音楽入りで先生が代わる代わるに弁士を務めた。小学生生活の中でも楽しい思い出の一つである。

確かあれは四年生のときだった。二階で工作の時間に急に大きな揺れがあった。「地震だ」と先生が叫び、生徒はいっせいに階段を駆け下り運動場へ避難した。私は左右に揺れる階段を駆け下りるのが大変だったことをおぼえている。それは東海地方を襲った大地震で、生徒は帰宅となった。帰宅の途中私は壊れた家や道の被害をみて怖かった。幸い伯母の店・玉知屋はガラスが割れる程度であった。

真珠湾攻撃から日本の勝戦は続き、シンガポール陥落には旗行列まででした。しかし戦況はしだいに厳しくなっていった。勝子の生まれ故郷浜松には軍事工場が多かった。父の会社もその一つである。敵機来襲は避けられまい。ある時授業中に警戒警報が出て、生徒は全員帰宅となった。

私は父が後妻を迎えてから時々蜆塚《しじみづか》の家にいくようになった。その日も蜆塚へ帰ることにして、人っ子ひとりいない山道を足早に歩いていた。すると、突然、空襲警報のサイレンが鳴った。私はとりあえず近くの横穴に避難して状況を窺った。辺りには誰もいない。しばらくすると遠くで爆撃の音がした。私は怖くなったが術無く、そのまま防空壕の中でじっとしていた。しかし爆音と砲弾の音は激しさを増ししだいに近づいて来る。そのうちに普段とはまったく違った爆弾の落ちる音がした。「ザー、ザー」と言う音にびっくりした私は、学校で教わったように目と耳を両手で押さえて地べたへ下向きに這いつくばった。するとかなり近くへ爆弾が落ちたのであろうか、洋服の袖がバタバタと爆風ではためいた。私はもうだめだと半ば諦めながらも一所懸命にそのままの姿勢を保っていた。しばらくしてザーと言う音は遠のいて行った。防空壕を出ると町の中心の方角に幾筋かの炎と煙が見えた。私は助かったのだ。

このままでは危ないと、父は信州に農家を買って祖母と妊娠中の義母と私を疎開させた。疎開先は観光地としても有名な天竜峡であった。家が空くまでしばらく大家さんの家に厄介になった。小学校は山の上にあって、一里もある山道を歩いて通った。私たちが疎開した後、浜松は空襲や艦砲射撃で焼き尽くされた。

それからかなりの年月が経って、私がニューオーリンズへ移住してから、小学校の友達二、三人が奥様やご主人同伴でニューオーリンズへ私を訪ねてくれた。

私はニューオーリンズで浜松師範付属小学校の同窓会をすることを提案した。すでに亡くなった先生や友人もいたが、私の提案に応えて日本から受け持ちの古橋先生と学友六、七人が参加してくれた。数日、私は市内見物やフレンチクォーター、スワンプ巡り、プランテーション観光などへ案内した。私はまた皆を拙宅へ招き、手料理をご馳走した。折から誕生日の人がいたので、食後には手製のケーキで彼女の誕生日を祝った。また思いがけなくも小学校の校歌の書かれた紙が見つかった。すると先生がピアノの前にお座りになり、皆は先生の伴奏で校歌を歌った。子供心に戻りさまざまな思い出が甦る楽しい貴重なひとときであった。この時、先生はすでにかなりお年を召して杖をついていらしたが、ワニ見物では杖を忘れて船先へ歩いて行かれ、珍しそうにワニを見ていらしたお姿が愉快な思い出となった。

この学級の卒業は、終戦後まだ疎開先から戻らない学生が多かったころで、男女共学の一クラスであった。このため大変仲がよく、皆で俳句や作文を書いて小雑誌を作ったり、卒業後も毎年同窓会をしている。八〇歳の今でも勝子が帰国すると皆が集まって歓迎してくれる。私のために山口から浜松まで駆けつけてくれた友達もいて感激した。このようないい学友を持った私は幸せ者である。

交換留学プログラム

一九八〇年代の後半、章は慶應病院に入院中の同大医学部長浅見敬三先生を見舞った。二人は日米医学部交換留学プログラムについて話し合った。浅見先生はそれから間もなく亡くなったが、二人の希望した慶應大学＝チューレン大学医学部学生交換留学プログラムは実現した。

当時、日本は未だいろいろな面で米国に遅れており、学生にも米国への憧れのようなものがあった。早速慶應大から二人の優秀な学生がチューレン大学へ留学した。東洋からの留学生など扱ったことのないチューレン大学ではこの礼儀正しい日本人学生に好感を持った。しかし当時はまだ、チューレン大学から日本への留学希望者はほとんどなく、交換留学とは名ばかり、日本からの一方的な留学のように見えた。留学生たちはチャリティ病院では日本では見ることができない珍しい病気の患者を直接観ることができただけでなく、学生でありながら実際に患者に触れることができると興奮して話していた。

章は、慶應大学では大変好評であったこのプログラムを母校名古屋大学にも紹介した。以来、名大・慶大両校は積極的にこのプログラムを推進した。交換留学プログラムが始まって間もなく名古屋大からは伊藤勝基先生が留学生の様子を見にこられ学生を励まされた。やがてチューレン大学からも少しずつ日本へ留学する学生がでてきた。これに準じて日本側では受け入れ体制も充実していった。

こんな時、日米協力生物医学研究所の研究チームに昭和大学から塩田清二先生が加わった。塩田先生はチューレン大学と日本の大学との交換留学プログラムを知ると昭和大学でもそのプログラムを始めたいと早速手続きをとられ、昭和大学＝チューレン大学の交換プログラムが加わった。先生はまた専門学部へ入る前の学生グループの年一〜二週間チューレン大学研修プログラムも始めた。こうしてチューレン大学の日米交換留学プログラムは活発になっていった。

二〇〇五年ハリケーン・カトリーナの後、しばらくこのプログラムは中断した。そして章は二〇〇七年に亡くなり、私もチューレン大学を引退しこのプログラムから手を引いた。

二〇〇八年一月二〇日、東京で有村のメモリアルをした時、出席者の中に何人か見慣れない若い立派な医師や教授の姿があった。彼らはかつてチューレン大学に留学した交換留学生だったと聞いて、私は故人もさぞ喜んでいるであろうと感動し、改めて大学で働く者の恩恵に感謝した。カトリーナの後、しばらく中断された交換プログラムは再開され、以来現在までも継続されている。

ある年、名大から学生の様子を視察に来られた粕谷英樹先生から私に連絡があった。私は先生と食事をしながらその後の交換プログラムについて話しあった。食事の後、すでに閉鎖されている章の設立した日米協力生物医学研究所へ案内した。研究所には章自慢の茶室がある。私はそこでその由来や章の思い出話をした。感銘を受けた先生は、留学生にもこの研究所を見せてやって欲しい、そして有村博士の話をしてやって欲しいと言われた。それ以来、私は毎年日本からの留学生を研究所へ案内し、章の話をすることにしている。おかげで楽しみが増えた。

二〇一五年、留学生の来る時期を迎え、名古屋大学留学生から連絡を受けた。四月一九日の日曜日、予定の時刻に車で病院に隣接する彼らの宿舎へ向かった。そこには名大の学生四人に加え一人慶應からの留学生がいた。私は慶大とのプログラムも続いていることを知り、大変嬉しく思った。

いつものようにミシシッピ川を渡り、皆を日米協力生物医学研究所のあるエーベヤセンターへ案内した。雨のあと久しぶりの晴天で五〇〇エーカーに広がるエーベヤセンターは、春風に乗った花の香りに咽せるほど、満開の花々が私たちを歓迎してくれた。珍しい茶色のルイジアナアイリス、白くて美しいスパイダーリリーや可愛いキンポウゲなどルイジアナの草花が咲き乱れ、絶好のお花見日和であった。私は皆をまず大きな池に案内した。池はいつもと変らず静かで、一面緑の苔に被われていた。以前は、鳥、虫、ヘビなどいろいろな動物がたくさん生息していたが、最近は食べ物がなくなって驚くほどいたアルマジロやの野ウサギの姿も見えない。「ワニは三メートルもの大物から子供まで二〇匹近くいたのにもういないのよ」と言ってよく見ると、目の前に浮かんでいる流木に一メートルぐらいのワニが二匹向かい合ってじっとしているではないか。私は眼を疑った。ワニはいたのだ。

その後、章が当初、仮の研究所として使っていたバンカーの前を通り、彼が実験の合間に散歩した「哲学の道」を回り日米協力生物医学研究所へ着いた。予想どおり建物はクモの巣とカビで見る影もない。それでも茶室だけはエアコンが効いて何とか様になった。私は章が茶室を作った理由や、茶道の「和敬清寂」や「一期一会」の精神と研究の関係を説明した。学生たちは真剣に聞入ってくれていた。

その後、一同は再び車で橋を渡り、今私の住んでいるアップタウンの老人ホーム、ランバスハウスへ向かった。今日はジャズブランチで昼食は大入り満員、音楽や人でにぎわっていた。

エーベヤセンターとは好対照だ。私は図らずも食べ放題のブランチで若い学生たちには充分食べてもらえると嬉しかった。彼らも嬉しそうだった。それから施設を案内した。一階の集会所、図書館、郵便や事務室など、続いて新館のアルツハイマー患者のいる病棟や建て増しのジムやプール。廊下に博物館のように展示された歴史上有名な人々の残した手紙はとくに学生の目を引いた。それは住人が寄付した個人の蒐集品である。礼拝堂や美容室、廊下に飾られた絵や彫刻はどれもみな、住人が描いたり寄付したものである。廊下とカフェに飾られた二枚の私の絵も見てもらった。

駐車場で集合写真を撮った後、私は皆を宿舎へ送り届けた。慶應の学生には「帰ったら先生によろしく」と依頼した。私は学問とは直接関係のないこのような見聞が将来学生たちに何らかの形でプラスになることを願っている。

病となっても

二〇一六年夏の終わり、松尾壽之先生米寿のお祝いに長男・次郎夫妻と帰国した。私はこれが日本への最後の旅になると思い、会の前後に親しい友人知人を訪ねた。行く先々で心あふれる歓迎を受け、感謝感激の楽しく有益な旅となった。

帰途、カリフォルニアの次男・真の家で少しゆっくりさせてもらう。ところが滞在中、無性にお腹が痛くなって救急病院へ運ばれ、卵巣がんであることが分かった。しかし、カリフォルニアでは保険がきかず、真に同伴してもらって即刻ニューオーリンズのオックスナー病院へいく。

この間、献身的に私を看病してくれた真は疲れのため倒れてしまうほどであった。真が帰ると次郎夫妻が看病に来てくれた。次郎が帰った後も嫁のスーザンがしばらく付き添ってくれた。最初の抗がん剤は強すぎて私はひっくり返ってしまった。その後、しだい元気になったのでスーザンも安心してレークチャールスへ帰って行った。

その後は抗がん剤を続けながら平常の生活が送れたので、がんなど忘れてしまっていた。PETにもMRIにもがんのかげは見られないので、二〇一七年三月になってクライン先生が手術をすることになった。老人の手術には賛否両論あり、セカンド・オピニオンを聞くことを勧められ再びカリフォルニアへ。真が準備してくれた七人の先生に参考意見を聞いた結果手術となった。

クライン先生が開腹手術をする。しかし、がんはすでにお腹いっぱい広がっていて手がつけられない状態であった。こうなったらもう覚悟だ。四月、五月、六月と月日は経ち、しだいにがんの進行が目立つようになる。体が骨皮筋衛門で痛々しい。

それでも負けてはならないと一所懸命体操し、できるだけ公園への散歩を心がける。六月に入り次郎が看護師ホープを送ってくれた。初めはお手伝いはいらないと嘯《うそぶ》いていたが、しだいに体がきつくなってホープに来てもらえたことを感謝している。彼女は静かでコンピュータもできるのでてとても助かる。

章亡き後、二〇一三年に移った高齢者居住施設・ランバスハウスは、私が初めての東洋人の入居者であったので、当初は不安であったが日が経つにつれ友達が増え、毎日が楽しくなってきた。

ランバスハウスの友人たちは私のことをたいへん気遣ってくれる。お花やカードが毎日のように届く。ときには親しい友人を招いて楽しい時を一緒に過ごすこともある。すると不思議に元気をもらう。友情の力は偉大でありすばらしい。

何より章の他界後に書き始めたこのメモアールを完成するため、病などにひるんではいられない。

第3部

神経ペプチド研究のルーツ

有村 章

白衣の章

1　父と須磨の思い出

私が生まれたのは、一九二三（大正一二）年一二月二六日、神戸市須磨天神東であった。これが戸籍に両親が届けたものである。父・有村丈次郎はそのころ大阪にあった福徳生命という会社の専務取締役として、懸命に働いていた。丈次郎はかって、日本生命神戸店長をしていたが、大正三年創立間もない福徳生命の専務取締役に就任した。社長は当時神戸川崎造船所社長をしていた松方幸次郎氏の弟・松方正男氏であった。社長の父・松方正義は明治維新に殊勲をたてたということで、華族に列せられた。子供が沢山いて明治天皇から子供の数を聞かれて、即答できなかったという話を父から聞かされたことがある。

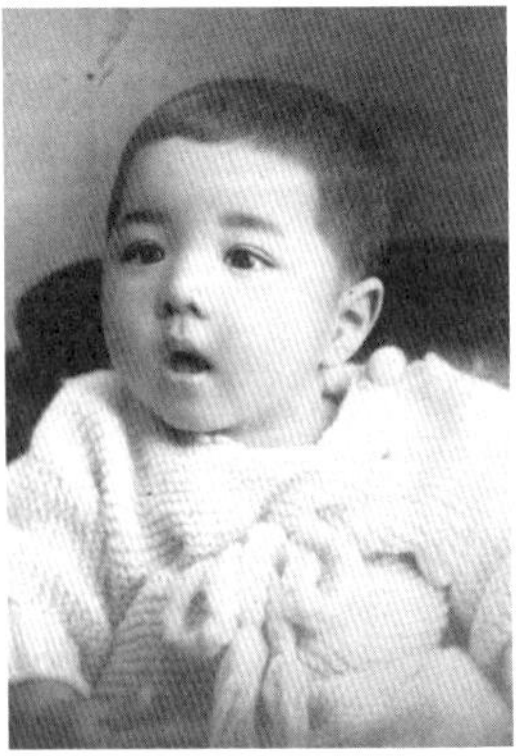

幼児のころのことは、記憶もおぼろげだが、わが家も家族が多くなり、家を新築することになって、家族は一時須磨にある松方家の別荘に移り住んでいた。そばに居たのは、母親(清子)とその養母さいとジョンという犬であったことしか覚えていない。

新しい家は竹中組がモデルハウスにしたいと計画したように、当時としては、水洗便所など最新の設備を備えた、地下室のついた一五部屋がある、洋館二階立ての大きな家であった。一九二八(昭和三)年のことである。東海道線須磨駅の東五〇〇メートル、鉄道とそれをまたいで作られたコンクリートつくりの大きな市電の架橋、天神橋のすぐ北側に建っていた。家は鉄道のあるところから、しだいに高くなる斜面に土盛りした所に建てられていて、その西側の綱式天神の境内と道を隔てて接していた。門を出たところにも綱式天神の入り口があって、ここから松林のある境内に入って行けた。門の近くの庭にも大きな松の木が残っていた。当時の家族構成は、父母、兄二人(不二夫、康男)、姉四人、(富子、弘子、正子、幸子)、生まれたばかりの弟一人(芳郎)、それに女中二人、書生一人、と私、計一三人であった。母の養父母(安斉竹次郎、さい)は、近くの家の借家に住んでいた。

家を出て、市電の走る天神橋の下をくぐり、鉄道を渡ると、その辺りには住友家、松方家など金持たちの瀟洒な別荘が建ち並び、その前に白砂の海岸が開けている。淡路島が右前方に望まれる。夏になると子供たちは海水着のまま、家から海岸まで歩いていった。夏の間、父は大阪の会社に出勤するまえ、毎朝ここで泳いだ。水は冷たく透明で白砂の上を歩くと心地よい。涼しくなると父は海岸を毎日早朝に散歩した。そのころには、この美しい海に入水自殺をしようとする人もいたらしい。父は何度かそんな人を助けたと言っていた。早朝女中が毛布をもって、大急ぎで海岸のほうへ飛んでいったこともあった。父はそれから朝食をとって、須磨駅まで歩いて行き、青線のついた二等車にのって、毎日大阪まで通勤した。六、七歳のころ、夕方雨になると、私は、傘をもって父を須磨駅まで迎えにいった。天神境内の前の電車道を父と一緒に傘をさして歩いて帰った。父はそのころ六〇歳くらいで奇麗な白髪であった。

ある日父は私を大阪の会社へ連れて行った。会社の人が、私を上の階までつれていって、大阪市内をみせてくれた。昼には会社の食堂にいって、父と一緒に昼食をとった。私は子供の好きそうなものをメニューから選んだ。父は定食を選んだ。メニューのうえでは、定食は無味乾燥にみえる。どうしてあんなものを食べるんだろうと思った。そのとき食べたもので記憶に残っているのは、料理と一緒に出されたバターピーナツだけである。その日帰りは、松方社長も一緒に車でいくことになった。途中甲子園球場によった。初めて野球を見たわけだが、選手が球をもったまま、何もしない時間が多いので、私は退屈してしまった。父も野球に興味があったとは思われない。関西財界は阪神が購入した甲子園球場の建設運営に関心をもっていたので、その成果をみるために、父は松方社長とともに球場にたちよったのかもしれない。

弟の芳郎が生まれたのは、家の新築がなった年である。父はそれほど勢力家であった。毎晩一合の酒をたしなんでいたが、酒に酔った父をみたことはない。のちのち父の会社の人から聞いたところによると、父は大変な酒豪だったが、宴会のとき幾ら酒をのんでも、態度をくずしたことはなかったそうだ。母も一生のうちで、父が赤い顔をして帰ってきたのは、ただ一度きりだったといっていた。

機嫌のいい時には、父は自分の武勇伝を子供たちにきかせてくれた。

一つは、新築前の有村邸におけることである。そこはまだひらけておらず、電車もなく、須磨の山々から時折、雷獣［ハクビシン？］が下りてきて、鶏小屋を襲った。ある日家の鶏小屋に雷獣が入り込んだので、皆で入り口を押さえつけて閉じ込めたのだが、中から猛烈な勢いで板戸にぶっつかって出ようとするので、押さえている者たちは生きた心地も無かった。そこへ父が帰ってきたが、早速部屋にある拳銃をとって引き返し静かに板戸をあけさせた。雷獣は小屋の奥から爛々と目を光らせ、今にも飛びかかろうとした。父は拳銃を軽く曲げた左肘において、冷静に狙いをつけ、引き金を引いた。轟音とともに、雷獣は飛びかかる寸前に、地面に落ちたが、目はあいたままだ。恐る恐る竹竿でつついてみたが、もう動かなかった。当時大会社の重役たちは護身用に拳銃を持つことが許されていた。父は最初の一発でしとめたことが自慢であった。雷獣はしっぽまでいれると全長二メートルほどあり、これは絵はがきになって、知人に配られた。

もう一つは、あるとき二人の男が泥棒に入ろうとした。父は彼らをとらえ、縄でくくって、警察まで連行しようとしたがその途中綱式天神の境内で、二人は父に逆襲してきた。そこで格闘となった。父は柔道のわざで一人をなげ、その首を押さえつけ、うしろから殴り掛かる一人を後ろ向きにその股ぐらを蹴飛ばして卒倒させ、二人に縄をかけて、無事警察まで、連行したということであった。しかし父が柔道ができたという話は、これ以来聞いたことがない。

父は時折、自分の小さかったときのことも話してくれた。父は一八六八(明治元)年に鹿児島県今和泉で生まれた。今和泉有村家は祖先から今和泉島津家のご近習役を勤めていたが、母親は父を生んで体を壊し、実家に帰ってしまった。それで、父は後妻にきた母親にそだてられたのだが、父がまだ小さいときに、その父親、即ち章の祖父・有村八郎兵衛は黒田清隆の率いる北海道開拓隊員の一員として、北海道へ行ったまま病を得、東京に帰ってきて東京大学病院で死んだ。明治になって、士族たちは、貧困にうちひしがれたが、父の家も例外でなかった。しかしなお士族としてのプライドはあった。士族の子弟たちは一緒に鍛錬しあい、親戚の年長者は子供たちを教育した。父は小さいときから一家の主でもあった。親戚の年長者から学問を教わった。継母の酒好きは、西南戦争で、親しい親戚が政府軍か西郷隆盛の率いる薩摩軍に加わり敵同士になって殺し合うようになってから、さらに亢進した。アルコール中毒だったのではなかろうか。酒に紛らわして、悲しみを忘れようとしたようだ。腹違いの妹が一人いたが、兄のように勉強は好きでなかったようだ。

明治新政府ができたとき、薩摩藩の人々の多くが政府の要職についた。父の叔父が警視庁の要職についていたので、彼を頼って、父は数え年一九歳のとき、笈《おい》を背負って上京した。父はそこで書生をしながら、将来外交官になろうとして、ロシア語の勉強をはじめたのだった。お茶の水ニコライ堂のロシア人司祭の所にかよい、ロシア語を習った。外交官になる糸口もいろいろ探したに違いない。日清戦争の終わりには、調停団について、朝鮮まで行ったらしい。そこで、袁世凱にもあったと言っているが、さまざまな外交交渉を目の当たりに見て、自分の小さな体躯や、薩摩なまりの口下手では、外交官に適さないと見切りをつけた。それから、当時初めて日本に紹介された生命保険業という仕事に着目し、これを将来の自分の仕事にしようと決心したのである。

父はそこで日本生命に入社した。とにかく生命保険業というのは、日本でまったく新しい分野である。父は一所懸命にこの仕事をマスターしようと勉強した。名古屋支店にいたころ、下宿の主人が有村さんが寝たのを見たことがないといっていたほど、勉強にうちこんでいた。ずっと後になってからだが、私に保険業というのは、高等数学まで使わなくてはならないのだからねと言っていた。一般の日本人も初めのうちは死んでからのことにどうしてお金を使わねばならないのか分からなかった。こういう人たちにその理由を親切に説明することから初めねばならなかった。

父が福徳生命に移ってからのことである。ある客の一人が急に亡くなった。それで多額の保険金が未亡人に支払われた。感激したその婦人は大阪堂島にある本社の入り口のところまできて、土下座をして会社にお礼を述べたということを、父から聞いたことがある。

須磨における有村家の新築のころから、一九三二(昭和七)年父の郷里鹿児島に移転するまでが、父の全盛時代だったようだ。父の誕生日には鹿児島からよびよせた棒踊りの男たちが、庭で勇ましい踊りをみせてくれた。母は長唄をやっていたので、その師匠がときたま三味線を抱えてやってきて、日本間で母に教えていた。あるときは、おさらいということで、数人の女性がやってきて、三味線をひいていた。私はそんなときには、洋間のほうへやってきて、一人でピアノをひいた。別に習ったわけではなかったが、自分なりに曲をつくって、いろいろ想像しながら、一人で話をしながらピアノをひいたものである。姉はピアノを習っていたようだが、不思議なことに、私にはピアノを習わせようとは、誰も思っていなかったらしい。両親はピアノは女性のものと思っていたのだろうか。台所に近い板塀のむこうがわには、隣家の台所があった。隣りには安原という若い夫婦がすんでいた。母がその若い奥さんに時々ご馳走のお裾分けをしたいというので、境の板塀に窓をあけて、そこからやり取りできるようにしてあった。そのご主人がハーモニカが上手だということで、私が教えてもらうことになった。お隣りに行くには、門を出て、ぐるっと東にむけて回っていかねばならない。私はときどき夕方ハーモニカをもって、安原さんに習いに行った。安原さんは頬の豊かないかにもハーモニカの演奏に適した顔をしていた。ベースをいれて、いろいろな曲を吹いてくれた。私もベースをいれたいのだがこれがなかなかできなかった。

クリスマスには、上筒井の親戚前田家と交替でパーティが催された。前田家の主人忠は正金銀行外国支店長として外国滞在が多かったせいか、パーティも西洋風であった。わが家でもクリスマスの時には真っ白なお菓子の家が飾られ、いろいろなご馳走が並べられた。ゼラチンで固めたサンドイッチが私の好物だった。両親は、赤ん坊の弟を除いて、いちばん小さかった私に歓迎の挨拶をするように言った。一回目はよかったが、たび重なるとなぜ自分だけにという不満が出てきて、ついにストライキをやった。べつに叱られた覚えはなかったが、自分でも後味が悪かった。余興として、父が座布団を着物の下にいれて、大きなお腹にみせ、謡をうたいながら七福神の踊りをみせた。若い親戚の男性が朝顔型のスピーカーと水を入れたコップを使って、マンドリンの音を真似して、さまざまな曲を演奏した。

昭和の初め、わが家では平和で豪華な楽しいイベントがたびたび催された。クリスマス以外でも、家ではよくたくさんの客を招待して、パーティがひらかれた。中華料理のコックが来て、台所でご馳走をつくったり、綺麗どころが三味線をかかえてやってきた。

あるとき、宴会で残ったベルモットがサイダー瓶に入れられて台所においてあった。小学校一年だった私は、学校へいくまえこの瓶が目に入り、サイダーが残っていると思って、口をつけてごくごく飲んだ。少しおかしな味だなと感じた。母親が私をみてびっくりした。真っ赤な顔をしてただごとではないようすなのだ。熱があるのではないかと、心配して体温を測った。熱はなかったが心臓がドキドキと拍動している。私はサイダーを飲んだと言った。「ええーっ」と母はびっくり仰天、あれはサイダーでなくて、お酒なのよということで、酔いがさめるまで、この小学一年生は家で休まされた。

また家で宴会があり皆が客の世話にかまけているとき、私は遠征にでかけ、行ったことも無い家に年上の遊び友達と一緒に行って、楽しんだ。家では、私の姿が見えないのに気付き、大騒ぎになった。いつも居る所は、くまなく探されたが、見つからない。もしや誘拐されたのではないかと、青くなったらしい。そのうち、結構楽しんできた私が、嬉しそうな顔をして帰ってきたということもあった。子供の誘拐は当時ときおりあったらしい。知らない大人がいいところへ連れて行ってあげようと誘っても絶対に一緒に行ってはいけない、でないとサーカスに売りとばされるよということを繰り返し聞かされたものである。この忠告は実際役に立ったようだ。

ある日、私が家と綱式天神境内の間の坂を降りていくと、一人の男が反対側からやってきて、「坊やおじさんといっしょに月見山へ行こう、いろんなものを売っているから、買ってあげるよ」というのである。私はとっさに、これが子捕りだと思ったので、すぐさま大声で「子捕りやー」と叫びながら、駆け出したことがあった。

ある友達の母親は屋台の焼き芋屋をやっていた。私は彼と蝋紙にかかれたいろいろな絵を感光紙に太陽光線で焼き付けて遊んだ。彼の家に上がりこんで、破れ障子のある薄暗い二階の畳部屋で遊んでいると、ちょうど帰ってきた友達の母親が新聞紙にくるんだほくほくのサツマイモをくれたことがあった。新聞紙のインクの匂いと焼き芋の匂い、そのコンビネーションは懐かしい香りである。

他の兄姉とおなじく、私の入った学校は離宮道にある西須磨小学校である。一年のときの担任は林という年とった先生だった。どういうわけか、私は級長にされた。白い総《ふさ》の級長の印を胸につけ、自転車も買ってもらった。あるとき、数人の生徒とともに悪戯をやって、教室の隅に立たされたことがあった。級長のくせに何だと言われたように思う。

友達の一人が病気になった。彼の家は妙法寺川が海に注ぎ込む近くの松林の中にあった。別の友人の大塚という子と一緒に、自転車にのって見舞にいくことにした。私は、百合の花を見舞に持ってゆきたいと思った。花屋にいったが百合はなかった。しかしあきらめなかった。どうしても探してみせると決心してほかの花屋をさがした。一緒にいった友達は、しびれを切らして、帰ってしまった。私はついに一軒の花屋で百合をみつけ、病気の友人のところへもっていった。寝ている友達のそばにとおされた。若く美しい母親がたいそう喜んで電気のつく玩具の電車を動かしたりして、もてなしてくれた。

そのころ初めて写真機を買ってもらった。紙でできたボックスカメラである。汽車を写したいと思って、近くの踏切まで行き、踏み切り番の小屋に入り込んで、列車がくるのをまちうけた。列車をめがけて、シャッターをきった。現像してみると、線路は写っていたが汽車は写ってなかった。しかし踏み切り番の親父さんとはそれから友達になった。

小学校二年になると担任は柳井六郎という先生であった。大きな声で「二にんが四」を三唱した。「いんいち一」で始まり、「インクが黒い」でおわるのが面白くみんなで大声をあげて三唱したので、先生が隣りの部屋まで聞こえるのでないかと慌てたこともあった。おりから日本は軍部がしだいに勢力をもつようになり、右翼的愛国主義者がはばをきかすようになってきた。柳井先生も右翼的思想の持ち主でなかったかと思う。小学校二年の子供たちに桜田門外で井伊掃部頭《かもんのかみ》が水戸の浪士に襲撃されたこと、そのとき薩摩の浪士有村次左衛門がこれに加担して、掃部頭の首級をあげたことを興奮しながら話してくれた。米国の圧力に屈しようとする、掃部頭を尊王攘夷の志士たちが、葬る話である。それで、柳井先生は私に有村次左衛門は私の親戚かときいた。家に帰ってから、父親にたずねると、遠い親戚だということであったので、柳井先生にそのように伝えた。それから、先生が得意の桜田門外の変を話すときには、必ず有村君の親戚の有村次左衛門がということになった。

西須磨小学校の前に、田中屋という小学生相手の店があって、文房具のほか、アンパン、クリームパンなどいろいろなパンを売っていた。ある日そこで、パンを買いたいと思いついたが、家の人々にもそれぞれ買っていこうと思った。犬までいれると一人二つずつとすると二〇以上になる。いつも付けで買うので、そのときも付けにしておいてくれといった。しかし子供一人では抱えきれないほどのパンをどうやって持って帰るのか、店のおばさんが心配して、一緒に持ってきてくれることになった。家へ帰ってくると、両手に抱えきれないほどのパンを見て、うちの人はびっくり、しかし私は一人二つずつとするとこれぐらいになるのだからと、びっくりした人々を不思議に思いながら、その一つをとって、食べ始めたものである。

小学校三年になる時に、わが家は父の郷里鹿児島へ引っ越すことになった。福徳生命が日華生命と合併することになり、父が会社をやめたからである。このとき父は退職記念の文鎮を大阪造幣局へ依頼してつくり、友人知人へ贈った。そこには次のようなことが書いてあった。

「大正三年七月福徳生命専務取締役に就任す。当時生命保険契約高僅か四百五〇万円爾来星霜十七年今や一億二百万円に達し、社礎愈堅実に江湖の信望益々上がるの秋日華生命と共同経営成る。この機に際し退任せり。ここに記念の為これを呈し些か在任中の謝意を表す。有村丈次郎」。

母から後で聞いた話によると、父はこの合併に反対で、自分の会社だけでさらに事業を発展させうると考えていた。しかし日華生命からの申し出が極めて魅力的なものであったのか、社長が強く合併を望んだらしい。これまで父は自分の給料については、一言も昇級を口にしたことはなかったが、このときだけは、小さな子供がたくさんいたこともあり、十分な分け前を請求したとのことであった。

父は自分の郷里鹿児島に帰り、老後を過ごすことにした。神戸にいると子供たちが贅沢を覚えて、よくないと考えたらしい。しかし母の養父母とくに養父は、今さら知らない土地の鹿児島などへは行きたくないと思っていたらしい。近くに住んでいた彼らは、家の風呂に入りにきていた。私は時々このお爺さんと一緒に風呂に入った。お爺さんは熱い風呂がすきで、お湯に入って千数えていた。千数え終わるまで湯に入っているのは、子供にとっては苦痛であった。鹿児島へ行く日が近くなってきたある晩、お爺さんは風呂に入っていた。いつもと同じように、この日も長い風呂であった。しかしちょっと長過ぎるので、「正幸、お爺さん大丈夫かみておいで」と父がいった。

正幸とは、双子の姉、正子・幸子のことである。二人はさっそく風呂場へ見にいったのだが、風呂場の戸をあけて中をみたとたん、腰を抜かさんばかりにおどろいた。ばたばたたという音が聞こえ、二人は居間へ駆け込んで「お爺さんお湯のなかにういとった」というなり腰がぬけてしまったようにみえた。

それは春であったが、その晩は凄まじい雷と雨であった（2006.3.17）。

2 視床下部、下垂体系の内分泌調節
——その研究史

はじめに

このたび『神経精神薬理』で視床下部下垂体系の内分泌相関について特集を出すため、現在、日本でこの分野の第一線で活躍しておられる新鋭の学者の方々が、それぞれ専門領域の研究について執筆されることになった。私には研究史や論文に現れない裏話を書くようにとのことである。

一九五二年、私は名大内科の神経研究室（主任は現名大内科教授、祖父江逸郎先生）に入った。そこで視床下部機能の研究をするように言われたのが、私の研究歴を決定的なものにしたようである。初めて持たされた患者が尿崩症であったことも神経内分泌学に対する興味を深めたのかもしれない。折しも、デュ・ヴィニョーが、バソプレッシンを単離して構造がわかり、それまで神経内分泌という、何かもやもやした観念が、はっきりした具体として研究対象になり始めた頃である。私はバソプレッシンとACTH〔副腎皮質刺激ホルモン〕分泌相関の研究を始め、これをさらに勉強したいと思って一九五六年、イェール大学に留学した。それ以来、アメリカで多くの内分泌学者を知るようになった。

アメリカの研究者たちは、文字どおりプロである。言いかえれば、研究が生活の糧でもある。名声や競争心だけのためでなく、生きるためにも研究競争に勝たねばならない。従って、研究上の競争も熾烈であり、生々しい。神経内分泌の分野でもこの例にもれず、その烈しいつばぜり合いが研究の進歩を促していることもまた、否めない事実であった。私はこの機会に一切の体裁を投げ出し、研究者たちの赤裸裸な姿で競い合う中に織りなされて行く神経内分泌研究の流れを、その中で見、感じたままを書いてみたいと思う。

I 視床下部ホルモン

一九五〇年以前、内分泌学者は、下垂体も体内の他の器官と同様に、脳からの神経支配によってその機能が調節されているのだろうと考えていた。一九五〇年代になって、脳による下垂体機能支配は、神経でなく視床下部で作られるホルモンによって行われるのだとの説が信じられるようになった。このホルモン物質は、下垂体から下垂体ホルモンの分泌（release）をひきおこすので、Releasing factor または Releasing Hormone（RH）とも呼ばれた。下垂体にはいろいろのホルモンがあるので、視床下部では、それぞれの下垂体ホルモンに対するRHがあって、それらRHを適宜に放出することによって、環境の変化に応じ、刻々身体の各部から送られてくる情報に従って脳が下垂体機能を適当に調節するという考えである。この説の主唱者は英国の解剖学者ハリスであった。下垂体と視床下部の間には神経連絡がなく、特殊な門脈系が見られるという事実がこの説の信憑性を大きくした。一方、脳はそのような腺器官ではなく知識の器官であると考えてこの説に反対する人々もあった。この論争を解決するには、RHの存在を実際に証明することが必要であり、さらにRHを単離し、化学構造を明らかにすれば、決定的なものになるはずであった。

後に、ロジェ・ギルマンとアンドリュー・シャリーが、RHを初めて単離、その構造を決定し、医学史に一つの足跡を残すことになるのだが、それまでには、一五年の年月がかかったのである。その間、この説をドグマに過ぎないと考えたり、RHの存在すら疑わしいと考える内分泌学者もかなりいた。一五年間何ら目ざましい進歩のないこの領域の研究状況に、National Institutes of Health（ＮＩＨ［アメリカ国立衛生研究所］：米国の大学、研究機関への研究費のほとんどが、ここから出される。日本の研究費と異なる点は、その大部分が研究者の給料に使われるということである）からの研究費も危うく打ち切られるところであった。

RHの単離・構造決定は、内分泌学に中心的論拠を与えただけでなく、化学構造の決定によって、その合成品が入手できるようになり、臨床家や研究者の間で使えるようになった。それまでは、数万頭のブタ、ヒツジの視床下部からやっと1mgにも足らないRHが得られたに過ぎず、これを用いる生理実験は、シャリー、ギルマンの共同研究者がわずかに、しかも小規模で行い得ただけであった。構造がわかったので、化学的に合成ができ、研究者は欲しいだけの量を入手することが可能になった。合成品を使って研究が広範に行われるようになると、新しい知見が次々と集まり、その結果、応用も開拓されていった。化学者たちは、天然RHを合成するだけでなく天然物よりはるかに強いアナログ（類似体）を作ることにも成功した。一方、天然品と合わせて投与すると、天然品や内因性のRHの作用を抑制する拮抗アナログもできた。これらはすべて、シャリー、ギルマンの一五年にわたるみじめなほどの忍耐、絶ゆまざる努力の成果であるといえよう。

最初、ギルマン、シャリー両者の研究所でほとんど同時にTSH〔甲状腺刺激ホルモン〕分泌を刺激するTRH〔甲状腺刺激ホルモン放出ホルモン〕が、一九七一年には下垂体ゴナドトロピンの分泌をひきおこすGnRHが、シャリーのところで単離、解明された。RHの解明はまた予期しなかった知識を広げていった。とくに、神経内分泌学の分野で、脳の中でホルモンと種々のペプチドがいろいろと働き合い、RHの分泌を調節する仕組が次第にわかっていった。合成RHを使ってその抗体が作られ、免疫組織化学的にRHの分布存在部位が詳細にわかってきた。下垂体に対する作用の他、GnRHは脳細胞にも作用する。GnRHを脳内の特殊な部位に投与すると、動物は二、三時間後に交尾を始める。これは去勢した動物でも見られるので、GnRHの脳細胞に対する直接作用の結果と考えられている。従って、GnRHを人間でも催淫剤として使う可能性も考えられるが、まだ証明されていない。

II 下垂体門脈系

下垂体門脈は、視床下部中央隆起と下垂体を結ぶ血管系であるが、これについての最初の記録は古く、一七四二年、フランスの医学者、リュートによって報告されたが、すぐに忘れ去られた。一二〇世紀の初めになって、ルーマニアの病理学者レンナーがこれを再発見した。彼は、ブカレストの病理解剖室で働くうちに、苦しみながら死んだ人では、下垂体系に沿って走る小さな血管がはっきりと観察されることに気がついた。しかし、彼は、この発見を報告することもせず、若い医学生、ポパにこの血管系をもっと研究するようにいった。ポパは一九三〇年以前、すでにジェッシイ大学の解剖学教授になっていたが、この血管系について緻密な研究を重ね、その結果をはじめて発表した。彼はその記述の中で、門脈系の血管の流れは、下垂体から視床下部に向かう上向きであるとしている。もしこれが事実なら、この血管系は、脳の指令物質を下垂体に向けて運ぶ連絡路とは考えにくいことになる。

一九三五年の夏、ポパは、ケンブリッジ大学にジェフリー・ハリスを訪ね。そこで彼の研究を助けることになる。ポパは、早速、自分の門脈系に対する観察をハリスに説明する。彼らは、ウサギの下垂体茎をクランプで挟んでみたところ、門脈系の挟まれたところから下の部分、すなわち、下垂体側に血流がたまるのを見て、血流が上向きであることを確認し、これを発表している。ポパとの共同研究と並行して、ハリスはウサギを使って排卵の機構を調べていたが、一九三七年に出した彼の論文では、下垂体は視床下部の支配下にあるが、それはまだ発見されない神経繊維を介して行われているのであると考えている。このような研究を行った後、ハリスはロンドンに行き、そこのセントメリー病院でインターンシップを終えている。一方ポパは、下垂体門脈系の研究を続けるが、所見は次第に混乱していった。血液があるときは上向きに、あるときは下向きに流れ、まったく一定していないのだ。

ちょうどその頃、ハーバード大学の二人の解剖学者、ヴィスロッキーとキングが、ポパの観察は間違いであると発表した。彼らは、サルで墨を注射して門脈系血流を観察したところ、血流は下向きであったというのである。この観察は、門脈系が脳の物質を下垂体に運ぶ経路と考えられることになるので、きわめて大きな意味を持ってくる。この考えは、すぐに同僚のフリードグッドによって一九三六年九月一五日、ハーバード三〇〇年記念祭のとき報告される。視床下部は、下垂体門脈系を下垂体に向けて流れる血流によって運ばれるホルモンによって下垂体を支配するとの提案だ。しかし、フリードグッドは、このことを出版もせず、後日、ハリスの競争者が彼のRH説におけるあまりに大きな功績《クレジット》を弱めるために、これを掘り出してくるまで、二三年の間、忘れ去られていた。

実際のところ、門脈系中の血流は、時には上向きであったり、下向きであったりして、一定しないのが事実である。この門脈はループも形成する。一般的にいえば血流は視床下部から下垂体前葉へ、それから後葉へ行き、一般循環系へ入る。しかし一部は後葉から前葉へ、あるいは後葉や前葉から視床下部中央隆起へ上向きに流れることもある。このことは、最近、ポーターによって詳細に研究されたが、上向きの流れは下垂体ホルモンによるRH分泌制御のショートフィードバック系路を形成すると考えられている。従ってポパの最初の観察は決して間違いではなかったのだ。しかしRHによる下垂体支配説が確立されるまで、ポパの観察は一時忘れられる必要もあった。ハリスもポパと一緒に行った実験観察を気にとめないようになり、門脈血流は下向きだと自分でも思い込むようになった。一九四〇年、ロンドンでの臨床修練を終え、ケンブリッジの解剖教室へ帰ってきたハリスは、同僚グリーンの影響もあって、彼の下垂体神経支配説を放棄してしまう。そして、しだいに彼のライフワークであるホルモンによる視床下部の下垂体支配説をすすめ、一九四四年に提出した学位論文の中で初めてこれを提唱する。しかし、前述のように、正確にいってこれは完全には彼のオリジナルの考えではない。ハリスは知らなかったのだが、八年前、フリードグッドも同じ考えを提唱していたのだ。しかし、ハリスの業績は、この説の提唱だけにとどまらず、実験によってこれを証明するための歩みを進めたことにあった。

下垂体前葉には視床下部から血液を受けているので、その中に下垂体機能に必要なホルモンがあるはずである。ハリスはまず、ラットの下垂体茎を切断して血流を断ち、これによって下垂体へのホルモンの供給を断ち、排卵しなくなるかどうかを調べた。他の人々も、同じような実験を行ったが結果はまちまちであった。間もなくハリスは、下垂体を切断しても生殖機能に変化のないのは、門脈系がいち早く再生するからであることに気がついた。彼は再生した血管が下垂体に連絡するのを防ぐために、下垂体切断部にワックスペーパーを入れてみた。こうすることにより、門脈血管系が下垂体に連絡しない限り生殖機能は抑えられることが明らかとなった。このように考えることは簡単だが、この実験技術は並大抵のことではない。幸いハリスは、動物実験技術に並はずれて優れており、実験も正確であった。それは、彼の生来の持ち前でもあろうが、技術の修練に寄せる努力もまた、並々ではなかった。ラットの下垂体摘出を、動物にそれ以外の影響を与えないでできるようになるまで一年間、彼は、毎日一匹ずつ手術の練習を行った。ここで私自身、イェール大学で彼に会ったときのことを思い出す。

イェール大学に留学する前、私は、日本で開発されたラット外聴道からの下垂体摘出手技を習得した。イェールの生理学教室主任教授ロングは、教室を訪れる著名な内分泌学者たちをよく私の研究室へ連れて来て、いつも下垂体摘出を披露させた。短期間の間にハリス、次いでギルマン、それから一九七七年ノーベル賞委員長を務めたスウェーデンのロルフ・ルフトがやって来た。私の実技を熱心に見たハリスは自分でもやってみたいといい出した。驚いたことに、ハリスは、一度でこの摘出に成功してしまった。ギルマンも自分で試みたが、何度しても下垂体は出て来ない。ついに癇癪をおこして器具を投げ出してしまった。この点、ルフトははるかに賢明であった。彼は「実に興味深い方法だ」と言ったまま、自分ではやろうともしなかったのである。

ハリスのワックスペーパーの実験も、しかし、すべての学者を納得させることはできなかった。門脈血管を完全に遮断すれば、下垂体が充分な血流を得られないために機能が落ちるのではないか、特別のホルモンではなく、ただ充分な栄養が下垂体に達しないために機能しなくなるだけのことではないかという批判がとび出した。これらの批判に答えようと、ハリスはまた、新しい実験を始めた。スウェーデンから来ているドラ、ヤコブソンと一緒に、若い母親ラットの下垂体をとり、これを脳のいろいろな場所に移植してみた。どこに移植しても下垂体に血管が生成してくるが、視床下部に移植したときに限って性周期が回復する。これは視床下部にある何物かがこの周期回復に与っているに違いないと考えた。彼の実験計画は、いつも緻密をきわめ、どんな実験もパイロット実験ということはやらなかった。ノートは詳細に記載されている。これらの実験は一九四四年から一九五二年にかけて、ケンブリッジで行われたものであるが、当時ハリスの生活、研究環境はかなり困難であった。その頃ケンブリッジ生理学教室は世界最高の水準を行き、教授エドガー・エドリアンは一九三二年、神経細胞の機能の仕事でノーベル賞を受け、アラン・ホジキンとアンドリュー・ハックスレーは、神経伝導時の電気化学変化の仕事をやって、一九六三年、ノーベル賞を受けることになる。このように教室が神経伝導の研究で満ちている中で、脳は単なる電気機械ではなく、内分泌腺でもあるとするハリスの考えは、軽く扱われたのは当然である。一方、家庭では、妻との間に離婚問題が起きていた。

一九五一年に離婚が成立し、二度目の妻ペギーと結婚する。ハリスはケンブリッジでの将来に希望が持てず、ロンドンに移ることを決心する。モズリー病院に属する精神科研究所に彼は特別教授の地位を得る。一九五二年のことである。大学院学生バーナード・ドノバンと一緒に、彼の説によって予言された視床下部ホルモンの単離を行う準備をする。

やがて、評判も上がり、彼の研究成果はとくにアメリカ、カナダの内分泌学者の心をとらえるようになると、多くの俊才たちが彼の研究室で仕事をするためにやってきた。フォーティエ、ライクリン、数週を待たず、ギルマンもやってきた。ハリスはいつも学生と一緒に仕事をし、難しい実験は彼自らが行った。できるだけ難しい実験にチャレンジすることを、むしろ楽しんでいるようにさえ見えたとライクリンは言っている。一九五三年、科学者の栄誉であるロイヤルソサエティのフェローに選ばれ、ペギーとの間に一子をもうけて、幸福の絶頂にいる彼に、突如として危機がおそった。ゾリー・ツッカーマンがハリスの説を攻撃したのである。

ケープタウンで生まれたツッカーマンは、南アフリカのバブーン［ヒヒ］の生態に興味を覚え、動物の月経周期のホルモン制御の研究を行った。ロンドン、イェール、オックスフォード大学で研究生活をした彼は、その後英国に住み侯爵の娘と結婚して、一九三九年戦時中に英国政府の科学顧問となった。政府でもしだいに地位を高め、英国の核防御政策の立役者とまで言われるようになり、一九五六年には、ナイトの称号を受ける。従って、彼の科学者としてのキャリアは、むしろ二次的なものであったと考えられよう。しかし、政府の仕事をしながら彼は、バーミンガム大学の解剖学教室の主任教授を兼ねていた。

一九四六年、バーミンガムで開かれた内分泌学会で彼は初めてハリスの門脈系が脳と下垂体を結ぶリンクであるという説を聞き、直ちに疑問を抱いた。「この説は、優れてもおらず、またあまりにも機械的だ。仮説は簡単なほどいいというルールに反し、これでは、たくさんの仮の視床下部ホルモンを考えなくてはならなくなろう。たとえこれらのホルモンが存在し、下垂体に対して特異性があったとしてもなぜ、このような門脈系が必要なのであろうか。他のホルモンと同じように、一般環境系によって運ばれても差し支えないではないか。もしこれらの反対論に完全な答えがあれば、私は直ちに考えを変えよう」。

一九五一年、ツッカーマンは、同僚のトムソンと共にハリスの説に反論する証拠を求めて実験を始める。シロイタチは日照時間が長くなると発情するので、英国ではよく生殖実験に使われる。ハリスの実験と同じように、下垂体を切断し、その部分にワックスペーパーを入れて、再生血管が下垂体に連絡しないようにした。実験の結果はあまりはっきりしたものではなかったが、ただ二例について門脈系が完全に遮断されているにもかかわらず、発情することを観察した。ツッカーマン、トムソンは早速これを"*Nature*"誌に発表した。一九五三年のことである。ハリスは直ちに、この挑戦のもつ重大な意味に気づき、早速学生ドノバンと一緒にツッカーマンの実験に誤りがないかどうかを確かめるため、シロイタチを使って実験を始める。その頃、バーミンガムで解剖学会が開かれ、ハリスとドノバンは、折からハリスの研究室に来ていたフォーティエと共に出席する。ツッカーマンもまた、そこに来ており、喜んで彼らを自分の研究室に招じ入れ、彼の実験の決定的な部分であるシロイタチの下垂体視床下部の組織切片をみせる。「私は、この切片から何か意味ある知見を見出すためには数時間を必要としただろうが、先輩ハリスは、直ちに何かを感じとった」とドノバンは回想している。実際数分間切片を観ている内にハリスは、ツッカーマン、トムソンの実験技術に重大なあやまりがあるらしいことを発見した。下垂体門脈系の再生を確かめるために、墨汁を注射してあるのだが、この標本では還流が完全ではないらしい。門脈系以外の血管にも墨汁が認められないのは、血液の還流不十分のためか、切片が薄すぎて入った墨汁が洗い流されたかだ。いずれにしろ、これでは、いくら血管の再生があっても見ることができない。一方、ハリス、ドノバンの実験の結果は明瞭であった。門脈系が完全に遮断されたシロイタチは、一匹も発情しない。下垂体系遮断をした中で発情した動物は、いずれも、ワックスペーパーがずれて、門脈系が再生したものばかりである。この明白な結果は、ハリスにとって、これからツッカーマンと論争するうえに、きわめて重大な意味をもつ証拠物件であった。

一九五四年六月、ロンドンのチバ研究財団主催で内分泌の会議があった。会議そのものは規模の小さいものであったが、約四〇名の出席者は、そろって選ばれた学者たちであった。ここで、ハリス、ツッカーマンの間に激しい学問上のやりとりがあったことはいうまでもない。両者の紛争は熾烈をきわめ、出席者の一人フォーティエは、二五年後でさえ、その情景を「それは恐らく内分泌研究の中で最悪の、恥も体面もかなぐり捨てた、ひどく醜いやりとりだった」と述懐している。ハリスは、政治的にも重要な地位にあるツッカーマンの激しい攻撃によく耐えた。科学的な論争は投票で決めるわけにはいかない。ただ今までの説より優れたものが現れれば、古い論理は破棄される。ツッカーマンには、ハリスの説に代わる建設的な仮説がなかった。

この論争の後、神経内分泌学の古典ともいうべきハリスの"*Neural Control of the Pituitary*"が一九五五年に出版された。この原稿が"*Nature*"誌に提出されたとき、茶目気のためかツッカーマンにレビューのために送られた。彼はこれを単に「想像の構築物」とけなして一蹴した。ハリスはそのレビューに額ぶちをつけ、自分の研究室の壁にかけた。

このような理論上の違いはありながら、彼らはお互いに注意深い尊敬を払った。二人共ロイヤルソサエティのフェローになったのだが、ハリスがフェローになるとき、ツッカーマンはこれを推薦している。「ジェフリーは、ツッカーマンが好きでした。彼は、二人はそれぞれ違うが、だからこそ刺激してくれるのだと言っていました」と妻のペギーは述懐している。

III 視床下部ホルモンの追求

ハリスのホルモンは、一五年後に、TRH、次いで、LHRH［黄体化ホルモン放出ホルモン］、一九七三年に予定しなかったGH［成長ホルモン］分泌制御ホルモン、ソマトスタチンが、そして、一九八一年ギルマンから独立して仕事を始めたヴェールによってCRH［副腎皮質刺激ホルモン放出ホルモン］が単離された。一九八二年、ギルマンとヴェールによって人の脳腫瘍からGH分泌を刺激するhpGRFが単離されたが、これが視床下部ホルモンかどうかは確かでない。近年の分離分析化学技術の素晴しい進歩によって、ハリスのすべてのホルモンが見つかり、その全貌が明らかになる日も近いであろう。しかし、最初一五年間の研究史は、まさに試行錯誤の連続で、またギルマン、シャリー両グループの血みどろの競争でもあった。

一九三四年一月一一日、フランス、ディジョンの貧しい工具メーカーの家に生まれたギルマンは、一九四三年、その町にある医学校に行くことになる。しかし、レジスタンス運動に加わるため、学業は中断され、スイスへ逃げ出す人々を助ける仕事を続けた。その後、ディジョンの医学校に戻り、内分泌学に興味を持って研究生活を始める。しかし、戦後のフランスでは、ろくな仕事ができない。一九四八年、たまたまパリでハンス・セリエのストレスに対する身体の反応の説を聞き、セリエに近づき、一年間のフェローシップを受けることになる。

モントリオールのセリエの研究室で働き始めた彼は、しかし、ナチ占領下で受けた医学教育が、同僚に比べて遥かに劣っていてなかなかついていけないことを思い知らされる。そこで一年が終れば、フランスの田舎へ帰って開業しようと考えていた。こんな失意のギルマンを勇気づけてくれたのは、当時大学院生のクロード・フォーティエであった。フォーティエは脳と下垂体の関係の問題に異常な興味をもっていた。その頃、下垂体は他の器官と同様に神経支配で調節されると考えられていたが、そこへハリスの脳ホルモンによる支配説が現れたのだ。フォーティエは、真先にこの信奉者になった。彼はギルマンにも彼の実験に参加させた。かくしてフォーティエの下でギルマンはしだいに視床下部による下垂体支配問題に惹かれていった。一九五〇年、Ph.D. の最後の試験のとき、ギルマンは、重い病気にかかった。親友フォーティエは、直ちに結核性胸膜炎と診断し、ギルマンを入院させた。この病気は当時致命的な病であった。他の結核性疾患に効く抗生物質もこの病気には効かないのである。フォーティエはそのとき、突然一つの考えに辿りついた。炎症のために腫れている胸膜の中に抗生物質が入っていかないのだ。もし、組織の腫脹を防止するコーチゾンを投与すれば抗生物質が病原体に到達できるのではないか。セリエや他の専門家もこの意見を聞き、試してみる価値ありと判断した。はたしてこの治療は効果があり、ギルマンは三か月で退院し、その年の暮には研究室に戻ることができたのである。このとき看病に当たったルシェーヌは、彼の妻となり、フォーティエは第一子の名付け親になる。

セリエの研究室では、他にも数人の研究者が結核で倒れた。日本と同じく、戦後の栄養不足もその一因だろうが、研究室で使うサルもまた、感染源であった。フォーティエもとうとう肺結核に冒され、スイスに療養に行くことになる。その間、ギルマンは、セリエと折り合いが悪くなり、一九五三年ヒューストンのベイラー医学校生理学教室に移って行った。

ギルマンは、ヒューストンへ移って間もなく、ガルベストンに、ポメラットを訪れる。そこで、ポメラットの行っている組織培養を見る。ポメラットは、下垂体細胞を培養した場合、細胞がよく増殖しているにもかかわらず、なぜかホルモンの産生が落ちてくるともらす。フォーティエと学んだハリスの説は、直ちにギルマンに視床下部ホルモンを思い出させた。彼は、下垂体細胞と視床下部細胞を一緒に培養して、下垂体からホルモン産生が回復するかどうかを調べてみてはどうかという。これは素晴しい着眼であったが、ポメラットには興味がなかった。フォーティエと同じようにハリスの説の信奉者であるギルマンは、自分でこの実験をやることを思い立ち、組織培養を習うため、ポメラットの教室で仕事をさせて欲しいと申し出るが、ポメラットは、この問題に興味はなかった。しかし、このまま引き下がるようなギルマンではない。ポメラットは、学生、ローゼンバーグをヒューストンへ送り、ギルマンに技術を教えさせることにした。やがてローゼンバーグの助けで組織培養に成功したギルマンは、まずACTH分泌をモニターしてみようと思い立った。それは、その頃、下垂体摘出ラットの副腎アスコルビン酸減少を示標とするACTH測定法が確立されていたからである。培養された細胞からのACTH産生は二、三日すると、いつものとおり落ちてきた。ここで視床下部の切片を培養液中に加えると、果たして、ACTH分泌が再増加してくるだろうか。ギルマンは、一九五四年のその日のことを今もなお、ありありと覚えている。培養された細胞が再びACTHの産生を始めたのである。これは、ハリスのいうホルモンが実際に存在することを初めて実証するものであり、まさにランドマークともいうべき実験であった。彼は妻のルシェーヌに、この素晴しいニュースを一刻も早く伝えたいと家路を急いだ。今まで、どれといった研究上の功績のない彼にとり、これは、非常に大事な仕事であった。「今日は、素晴しく大事なことがわかったよ。君はもう、僕たちの医学界での将来のことで心配する必要はなくなったんだよ」と彼女に伝えている。しかしこの言葉は、少し早まりすぎていたようだ。数か月後、ギルマンは、"*Canadian Journal of Biochemistry and Physiology*"でほとんど同じ実験報告を見る。著者は、モントリオール、マックギル大学のサフランとシャリーである。論文の提出は、ギルマンが先であったが、彼らの実験は、いろいろな点でより優れていたのである。

ギルマンと同じように、モントリオールで学位をとり、研究生活に入ったシャリーは、一九二六年一一月三〇日、ポーランドのヴィルノーで生まれた。父親カシミールは陸軍大将で、彼も軍人になるつもりだったが、戦争のため士官学校に進むことができなかった。父カシミールがナチと戦いを続けるため、ポーランドを脱出したとき、母親と二人の子供たちはルーマニアのクライオギワに逃れて、そこに落ち着いた。アンドリューは、子供のときから化学をやって科学者になりたいと思っていた。英国情報部を通じて、カシミールはルーマニアにいる家族に仕送りを続けた。その後、ソ連がルーマニアへ侵攻して、ポーランド軍隊が母国に呼び戻された後も、彼は家族をクライオギワに留めておいた。一九四六年、カシミールが英国の軍用機に頼んで家族を英国につれ戻そうとしたとき、パスポートがポーランドであったため、ソ連官憲にとめられてしまう。その頃スコットランド、エジンバラにいたカシミールは、もう家族に会えないのかと一時絶望するが、幸いにも一週間後、ルーマニアへひき返した飛行機で、家族は無事つれ出されたのである。父親カシミールはその当時ポーランド連合遠征軍最高司令部長官であった。アンドリュー・シャリーは二〇歳になっていた。ロンドン大学で化学を学び、ミルヒルの国立医学研究所で働いたが、そこでPh.D.をとるのは難しく、一九五二年、モントリオールに移ってくる。マクギル大学、アランメモリアル精神病研究所の技術員の職をみつけた。その後、ここで学位をとることになるのだが、その研究主任がサフランで、ギルマンに対するフォーティエのように、シャリーはサフランの感化を受けていた。研究所長クレッグホーンは、ハリスの視床下部ホルモン説の信奉者で、サフランにその重要性を教えこんでいた。セリエのストレス研究にも通じていたサフランは、ACTH分泌をひきおこす視床下部ホルモンを単離しようと決心した。彼は、正確な生化学的手法によってラットの下垂体切片を用いた試験管内実験で、みごとにACTH分泌をおこす視床下部ホルモンの存在を実証する。サフランはこれを、

CRFと名付けた。そのとき、シャリーは大学院学生としてサフランの実験を手伝ったが、サフランは、彼を第二著者として出してやり、これによってシャリーの科学者としての道がスタートしていった。「ミルヒルの後、私は、研究者になりたいと思った。サフランと働いてから研究することが自分の誇りと思うようになった」とシャリーは言っている。

シャリーにとっても、ギルマンにとっても最初の大きな仕事が彼らを同じライフワークへと向かわせた。二人共、まずCRFの追求へ、次いで、他の視床下部ホルモンの解明へと同じ道へ進んでいった。

一九五六年、シャリーはモントリオールから南に下り、ヒューストンでギルマンと一緒に仕事をすることになる。シャリーは生化学者であり、生理学者のギルマンと仕事をしたほうが視床下部ホルモンの解明に都合がいいと考えたようだ。ギルマンもその頃ちょうど化学者の協力を求めていた。二人は、仕事の上ではまったく対等なパートナーシップ関係で協力しようと約束した。しかし、一緒に仕事をしているうちに、二人のパートナーシップはしだいにくずれ出し、しまいにはお互いに反目する間柄となっていった。ギルマンは、シャリーに職を与えてやったという気持があったし、知性を重んじるフランス人の彼にとって、実際的で粗野な上、論理を軽蔑するシャリーは、初めから肌が合わなかった。私はその頃、イェールからチューレンに移っていたが、ある時、ヒューストンにギルマンを訪ねたことがある。ちょうど一人の学生がフィジオグラフを使ってラットの血圧を測っていたが、彼が一回実験をした後すぐラットを殺してしまったというので、ギルマンがその学生をひどく叱りつけているところであった。彼は私に、ちょっと待ってくれといってから暫く、私の面前で学生を叱り続けた。あまりのしつこさに訪問者の私がとまどうほどであった。これに反し、他の研究室で会ったシャリーはカラム電気泳動の前にじっとすわってCRFの単離に懸命になっていた。彼は真赤な目をして、この二日間寝ないでこのカラムととりくんでいるのだと言った。そのときから、私の心の中には、シャリーに対する同情心がわいたようだ。

一九六〇年、マイアミで内分泌学会があった帰途、はからずも私は、シャリーと同じ飛行機に乗り合わせた。私はその頃、チューレン大学内分泌のディングマンと、後葉ホルモンの仕事をしており、グラスファイバーペーパーを用いたクロマトで、血中のバソプレッシンを単離しようとしていた。この仕事は、むしろ生化学的実験として興味深いので、後葉ホルモン製剤ピトレッシンからCRFの抽出単離を試みていたシャリーの深い関心をひいたらしい。これを機会にわれわれは、急速に親しくなっていった。それから五年して、私はシャリーと一緒に仕事をするため、再渡米して、ニューオーリンズに移ってきた。

その頃、ギルマンは、フランスに移っていった。フランスの内分泌学会の泰斗ロバート・キュリエーから招聘されたのである。キュリエーは、フランス学士院や、コレージュ・ド・フランスでなみなみならぬ権力を持っていたが、ゆくゆくはギルマンを自分の後継者にしようと考えていたらしい。しかし、ベイラーの生理学教室主任教授は、ギルマンに、ベイラーの研究室も続けるように要請したため、彼はパリからこれを遠隔操作することとなった。

一方シャリーも、パリのギルマンと密接な連絡をとりながらCRFの研究を続けていた。ギルマンは頻々にヒューストンとパリを往復した。この頃二人は、CRFの単離には自信を持っていて、これの成功の暁には、どのように功績をわけるかは、大きな関心事であった。ギルマンはシャリーを一段下級の同僚と考えていたらしく、手紙にも態度にも、このことが表れている。表面は友好的であった二人の間には、紛争の危険が充分はらまれていた。CRFの研究は思ったほどの進展がなく、そのうち、二種類のCRF（α-CRFとβ-CRF）があることがわかった。α-CRFは、シャリーがヒューストンへ来る以前、ギルマンが化学者ハーンと単離していたものであり、β-CRFは、サフラン、シャリーが手がけていたものであった。シャリーは、当然のことながら、β-CRFの追求に熱心になるのだが、研究が思うように進まないのを見て、ギルマンは、β-CRFは報いられることはなかろうから、α-CRFの単離に重点をおくようにすすめた。これが一徹なシャリーの気に入るわけがない。紛争の種は、すでにたがやされた土壌に、こうして播かれ、しだいに大きく成長していった。

一九六一年、シャリーは、スウェーデン、ウプサラの生化学研究所へ視床下部ホルモンの単離に将来不可欠な武器となる技術を習得に行く。ポーラスが最近発明したセファデックスである。これをカラムにして、分子量の大きさの違いで分子をふるい分けるゲル濾過である。彼はポーラスと一緒にこの方法を初めて視床下部ホルモンの単離に利用することになる。

この新しい方法は素晴らしかった。シャリーはこの考えを自分で吸いつくすまで、誰にも知らせたくなかった。一九六一年一二月、内分泌特別シンポジウムがマイアミで開かれたが、シャリーは、このことをここで発表したくなかった。しかし、このシンポジウムはＮＩＨの内分泌調査委員会が主催するもので、その後の研究費の配分に発表の成果が大きく影響するものであった。ＮＩＨは当時、ベイラーのギルマン研究室の研究費の主な財源であったが、ギルマンにとり、セファデックスについての報告をはぶくと、このシンポジウムで発表するにたる目新しい成果は何もなかった。ＮＩＨ内分泌調査委員の中には、なお、ハリスの説を信じない者もあった。ギルマン、シャリーは、この会で、ただ間接的な証拠、それもα-CRFとβ-CRF、そしてα-CRFはまた二種類あるようだと報告した。だが、このいずれも、構造がはっきりしたものではなかった。委員会は当惑した。委員の一人、ロイ・クリープは、辛辣な皮肉と批判の混じった意見を吐いた後、その頃、マッカーンの提唱していた後葉ホルモン、バソプレッシンが、CRFではないかとの考えを強調した。

一九六二年、チューレーン大学からシャリーの招請があった。その他イェール大学医学部とヒューストンのVA［在郷軍人］病院からも招請を受けた。アメリカでは、このように外から招請を受けたとき、これを受けなくても、これを利用して、現在の地位や給料を上げようとすることがよく行われる。シャリーも、ギルマンやベイラー大学当局にかけ合って、うまい取引をしようと思った。その頃、ギルマンは、パリで化学者ジュティィス相手に、TRHやGnRHの仕事を始め、研究が好調に進んでおり、シャリーのこの話を聞いても、さして驚かなかった。ヒューストンVA病院の話に対し、ベイラー大学当局は、同じ町に二つの競争する研究所を作ることに反対した。シャリーと親しかったVAの高級幹部、ジョセフ・マイヤーは、手のとどくところで、共同プロジェクトとして運営できるようにと、ニューオーリンズにあるチューレーン大学医学部とVAにシャリー独自の研究室を持てるよう手配した。これはまたとない好条件であった。VAから年85,000ドルの研究費が確保される他、チューレーン大学のアカデミカル・クレジットも手に入るからだ。

チューレンでシャリーを招聘しようと働いたのは、ディングマンの後内分泌主任になったパワーズと内科主任のバーチであった。このとき、ギルマンはパリから、「チューレンとVAがニューオーリンズで申し出ているという好条件は、誰も断わりきれない、良すぎる条件だ」とシャリーに書いているし、「シャリーのニューオーリンズ行きを心から祝福してやった」と洩らしている。一方、シャリーが後で感情をむき出しにして私に述懐したところによると、「〈化学者の君が一人立ちで内分泌の研究などできるはずがない〉と、ギルマンはひどく侮辱した。あの軽蔑、私はギルマンを絶対許せない」ということであった。

一九六一年、私は帰国して、北大の第一生理教室の助手となった。給料はチューレン大学で貰っていた十分の一となった。このままでは家族を養うこともできない。日本に資産のない私は、研究生活を続けるためには、再渡米するか、日本で臨床家に戻って、病院にでも勤める以外にはなかった。私は再渡米するなら今度はギルマンのところで仕事をしようと思ってヒューストンに手紙を書いた。その頃、ギルマンは、ほとんどパリで生活していたので、留守をしていたシャリーが私に再渡米の気持があることを知った。彼にしてみればニューオーリンズに行っても、そこでギルマンに負けない態勢を整えるためには強力な生理学者の協力が必要であった。一九六二年、シャリーがチューレンに移ることになるとき、私は彼から手紙をもらった。現在の研究状況が詳細に記され、今、自分は切実に生理学者に来てほしいのだと書かれている。それからは、まさに矢の如き催促であった。私は、しかし、再渡米するからには、本腰を据える覚悟であったので、どうしても米国の永住権がほしかった。その頃、アジア人に対する移民権割当は少なく、学者は優先権があったにもかかわらず、順番はなかなか回ってこなかった。相変わらずシャリーから矢の催促である。個人にどのような都合があろうと、学問研究はとどまるところなく進んでいくことは確かである。シャリーの立場がよく解る私は、当時一緒に仕事をしていた大学院学生、黒島、石田と相談して、とりあえず、一足先に二人にニューオーリンズへ行ってもらって、シャリーを助けるように手配した。学位はまだとってなかったが、二人は優秀な学生で気鋭にとみ、内分泌生理の実験では、相当修練も積んだ学者たちであった。現在、黒島は旭川医大の生理教授であり、石田は札幌でも評判の高い内分泌医である。

ニューオーリンズのシャリーの研究室では、その頃、TRH, LHRH, FSHRH〔卵胞刺激ホルモン放出ホルモン〕, GHRH〔成長ホルモン放出ホルモン〕, PIF〔プロラクチン抑制因子〕の追及中であった。いかにも手を広げているように見えるが、活性検定法さえあれば、材料は純化の途中で出てくるフラクションをそれぞれの方法で調べればいいのだ。純化操作にかけては、当時、シャリーの右に出る者はなかったと思う。彼がすべてをかけただけあって、生理学者は、渡されるサンプルをそのまま信頼してよかった。ここではとにかく特異性が高く鋭敏な検定法をみつけたものが勝利を得ることは明らかであった。ＲＩＡ《ラジオイムノアッセイ》が一般化する以前のことである。手のこんだ、時間のかかる、しかも自分でもそれほど信頼のもてない検定法に頼る他はなかった。黒島と石田は、最善をつくして、よくシャリーを助けた。一九六五年、二年遅れて私の渡米が実現する。余談になるが、これにまつわる話がある。

一八年も前のことで、もう時効になったから話してもよいと思う。私は、渡航手続のため何度も札幌のアメリカ領事館に足を運ぶ間にそこの若い領事と親しくなった。彼は私の事情をよく理解してくれて、何とかして私を早くアメリカへ行かせるよう骨を折ってくれた。あるとき、東京で米国務省のさる高官に会った。彼は私のことを早速話して、よい方法はないかと相談を持ちかけた。するとその高官は、国防省がその学者を必要とすれば、国務省として特別な入国許可を与えることができるから国防省にかけあってみろといった。私はこのことをシャリーに書き送った。シャリーは、すぐ、チューレン大学を通して、私がアメリカにとって大事な研究に必要だから、早く呼び寄せるよう手配してほしい旨国防省に依頼した。二、三日後、ペンタゴンからシャリーに電話が入り、私が、どんな国防に重要な研究にたずさわるのかを聞いてきた。シャリーは、日頃考えていた彼の夢を伝える。「私は今、排卵ホルモンの分泌を誘発する脳ホルモンLHRHの単離に懸命だが、これには、どうしても有村の手が必要だ。LHRHの単離に成功すれば、その構造を決定し合成もできる。そして、いろいろなアナログも作れるうえ、LHRHとまったく逆の作用をもつLHRHのアンタゴニストを作ることも可能となる。中国の人口が米国にとって脅威であれば、この合成LHRHアンタゴニストを空中から中国本土に散布することにより、中国の女性は不妊となってひいては、中国の人口を自然に減少させることができよう」。このような信じがたい話が国防省に信じられたのか、あるいは、手続上の単なる理由としてとり上げられたのかは知らない。あるいは、韓国の戦争で中国の人海戦術で痛い目にあった、にがい思い出の消えやらぬ米国の軍部に、このシャリーの提案は案外印象的だったのかもしれない。それから間もなく、私は、米国務省から手紙を貰い、ビザの発行を待つことなく、早急に渡米して、チューレンの研究陣に参加するようにとの指令を受けたのである。シャリーのこのサイエンス・フィクションは、渡米後、彼から聞かされたのだが、これは、しかし、決して荒唐無稽なものではなかった。今日LHRHの合成アンタゴニストの開発は続けられ、かなり効果的なものもみつかっている。そして、人口問題に悩んでいる中国は、LHRHアンタゴニスト研究のため、上海科学院から、かつてインシュリン合成に初めて成功した化学者チームの一人、ゲー〔麟俊葛〕をシャリーの研究室に送ったのである。

シャリーは、ニューオーリンズに移ると、すべて一から始めなくてはならなかった。VAがかなりの予算をシャリーにさいてくれたとはいえ、NIHからの研究費はわずかであった。それにひきかえ、ギルマンは、パリとヒューストンの二か所で、順調に研究を進めており、予算もニューオーリンズグループの二倍以上も持っていた。如何にして視床下部ホルモンの単離に必要な量の視床下部組織を、この限られた予算内で得るかということがシャリーの最初の難題であった。メイヤーの努力で、幸い、シャリーとVAのために、大精肉業会社、オスカーマイヤーが、三〇〇万個のブタ視床下部を、無償で提供してくれることになった。

シャリーと異なりギルマンは、その頃、TRH単離に仕事をしぼっていた。先にCRFの単離に集中したのも、ACTHの検定法があったからである。一九五八年、カナダのマッケンジーが^{125}Iを用いて、TSHの高感度検定法を発表したので、TSH分泌を刺激するTRHの検定法には、これが応用できるとギルマンは考え、早速、実行に移していったのである。その頃、パリでは、ギルマンと学者ジュティスとの間がまずくなってきていた。シャリーに対したと同じように、相手を対等の立場で遇さないギルマンの態度に、ジュティスも耐えられなくなっていた。一方、研究所長キュリエーとの間もまた、冷えはじめ、約束されていた次期所長の夢もあやしくなっていた。型にはまって、融通性のないコレージュ・ド・フランスのやり方に愛想をつかしたギルマンは、しだいに、自由な楽天地、テキサスへと再び、心を動かされていった。そしてついに一九六三年、パリを引き揚げて、米国へ移り住むことになる。

再びヒューストンに帰って、最初に彼と仕事をした化学者はインド人、ダリワールだったが二人の間は長く続かず、MDアンダーソン病院の著明な化学者ダレル・ウォードが協力することになる。ウォードは自分自身の仕事があるので、フルタイムの協力者というわけではなかった。一九六四年、それから一三年の間、ギルマンの手足となってその偉業に大きな貢献をすることになる若い化学者パークスと、生理学者ヴェールが参加した。パークスは朴訥で、誠実そのものといった化学者である。宗教的な彼は、今、オクラホマにある熱心なキリスト教徒によって建てられたオーラル・ロバーツ大学医学部の教授となり、静かな学究生活を営んでいる。

TRHの研究においては、シャリーよりギルマンが先んじていた。作戦のたて方においてもギルマンはシャリーに抜きんでており、研究の焦点はTRHにしぼられていた。これにくらべ何もかも一度にとりくんでいくシャリーは、一つ一つの分野では、自然、底が浅くなった。一方、英国ではハリスが、ペンシルバニア大学ではマッカーンが、LHRHを単離しようとしていた。生理機能調節のキーホルモンとも言えるLHRHは、医学応用面において、TRHよりはるかに重要な意味を持っているのだが、まだその頃は、LHRHの信頼すべき検定方法はなかった。視床下部ホルモン単離の決め手となるものは、信頼性のある検定方法を樹立することにあると確信していたギルマンは、LHRHには、深い関心はあったが確実な検定法ができるまで、一時これを棚上げして、TRHに集中したのである。ウォードの協力により、TRHは、ペプチドらしいことがわかった。次はそのアミノ酸組成と配列である。一九六四年、ギルマン、ウォードは、TRHは一一個のアミノ酸からなると報告したが、翌年は、一八個のアミノ酸を含むと報告する。とにかく、膨大な原料から視床下部ホルモンを抽出、単離し、化学構造を決定する仕事は並大抵のものではない。その過程のステップは一つ一つ正確に、最上限の効率で進めねばならない。ほんのわずかな気のゆるみや、ちょっとした手抜きのために、わずかな、まったく一点の指紋に含まれるペプチドよりも少ないこの物質は、大量の処理過程の中で消え去ってしまうのである。たとえ五万個以上の視床下部組織から出発しても、ガラス器具を一個の指紋が汚染していれば、一万ドルの実験はふいにされてしまうのだ。一本の髪の毛や、汗、あるいは服にちょっとふれるだけで、実験はとり返しのつかないことになってしまう。この点、シャリーの研究はみごとであった。塵一つなく整備され、単離操作に使うガラス器具は、田中という日本女性によって完璧なほど清浄に保たれていた。空調の出口には幾重ものフィルターが付けられ、空気による汚染も予防されていた。一九六六年、シャリーは、TRHは三個のアミノ酸組成を持つと報告する。その中には、一個のグルタミン酸とプロリン、四つのヒスチジンが含まれている。

ギルマンはこのとき、五〇万個のヒツジの視床下部、重さにして五トンもの材料を用意した。一〇〇万ドルの材料だ。夥しい量の溶媒を使って抽出、精製を重ね、やっととり出した物質も、ペプチド含量はわずか八パーセントであった。九二パーセントはそれ以外の物質である。とうとうギルマンは、TRHは単なるペプチドとは考えられないと報告する。"*Annual Review of Physiology*"にTRHは非常に特殊なペプチドであることも否定はできないが、TRHのみならず、視床下部ホルモンのいくつかは、ペプチドでない可能性が強いと書いている。

シャリーもまた、同じように間違った結論を下した。彼の場合、その精製操作に誤りはなかったのだが、結果の解釈が間違っていたのだ。彼は、得意とするゲル濾過イオン交換クロマト、カウンターカレント、ディストリビューション等、最新の精製分離方法を用いて、TRHを精製していったが、最終的には、あの三個のアミノ酸はうち三つを残してどこかへ消失してしまったのだ。三つのアミノ酸とは、グルタミン酸、ヒスチジン、プロリンである。これは素晴しい手練である。彼は、最終的に得たTRHは百パーセント純粋であろうと確信していたのだが、ペプチド含有は、全体の三〇パーセントに過ぎなかった。「残り七〇パーセントは、ペプチドではないが、とにかくこの物質は、三つのアミノ酸配列を含んでいる」と発表している。しかし手持の物質の量は、当時の分析技術をもってしては、アミノ酸配列を調べるほど充分でなかった。そこでメルク社に頼み三つのアミノ酸をいろいろの順序に並べたペプチドを合成してもらった。その一つに、Glu-His-Proもあったのだが、いずれも、これといった活性はなかった。TRHの構造がpGlu-His-Pro-NH_2であるとわかってから、Glu-His-Proを大量に使って、テストしたところ、わずかながらTSH分泌を刺激したのである。

しかしTRHの仕事はシャリー、ギルマン両チームとも遅々として進まなかった。シャリーは一時TRHの仕事を棚上げして、彼の視床下部ホルモンGHRHに取り組んでいた。日本からいった石田はこの検定法の設定に苦心していた。ＲＩＡの確立する以前のことである。ラットの頸動脈にサンプルを注射する。一定の時間後に下垂体をとり出しすりつぶす。この下垂体抽出物を下垂体摘出ラットに注射する。そして脛骨軟骨部の幅を顕微鏡で測定してGH活性を計るのである。下垂体からGHが放出されたなら、下垂体のGH量が一時減少すると考えられていたので、このGH減少量を指標としてGHRH活性を測定するという大変な仕事である。大変な割にどうも自信のもてない方法なのだが、イタリアからきたミューラーはこれが最も実際的な方法だと確信していた。私自身もかなりこれを使ったのだが、何かもっと良い方法はないかと探していた。

シャリーは研究室のチーフとして自ら実験に参加した。しかしギルマンは一九六八年以来自らラボで働くことはなくなっていた。チームを指揮し、ゴールを設定し、皆の熱意をもり上げ研究費を集め、実験器具を調達しペーパーを書いたり学会で話したりして宣伝にも努めた。ギルマンの研究室で勤勉な化学者バーガスは一週間八〇時間から一〇〇時間働いた。

ギルマン、シャリー両陣営の懸命な努力にもかかわらずCRFもTRHも解決せず、一五年間二人の研究を援助し続けてきたＮＩＨの審査委員の中にも二人の研究の能力について疑問をもつ者もでてきた。ＮＩＨは研究費申請にある疑問を生じたとき、数人の審査員がその研究所を訪問して直々質問したり、研究所のようすを視察したりしてその結果研究費をだすかどうかを決めることがある。サイトビジットと呼ばれるものである。シャリーが年125,000ドルの研究費を五年間申請したときもサイトビジットが行われた。

訪問者たちはシャリーの熱意と、研究に対する献身的な態度に打たれた。委員長のアルバートは「いつの日か、視床下部ホルモンの単離に成功する者がいるとすればそれはシャリーに違いない」とまで言った。しかし、シャリーのかつての恩師、サフランやその他のメンバーは、化学技術、とくに、物質の純度に対するシャリーの考え方に疑問をもった。研究費は95,000ドルに削られ、実際には75,000ドルが授与された。

私はその頃、シャリーの研究室で、LHRH検定法の改良にとり組んでいた。LHの放出は、ラットの卵巣アスコルビン酸減少を示標（バーロー氏法）に判定されていたのだが、感度、精度が充分でなかった。その頃下垂体ホルモンのＲＩＡ法が、ぽつぽつ実用化されて来ていた。デンバーのリーが、ヒツジのプロラクチンのＲＩＡを発表したとき、私はＲＩＡを習うため、早速、デンバーへ飛んで行った。一九六八年のことである。下垂体ホルモン、とくにラットの下垂体ホルモンをＲＩＡで測れるようになれば、視床下部ホルモンの検定法は一新すると考えたからである。ＲＩＡは容易に習得できた。複雑な生物検定に比べれば、何十倍も楽であり、しかも安心である。原理が同じなので、抗体とホルモン純品さえあれば、他のホルモンのＲＩＡもうまく行く。ナイスワンダーのヒツジのLH抗体#15は、他の動物のLHとも交叉したので、しごく便利であった。これが、その後のLHRHの仕事に役立ったのはもちろんである。

シャリー研究室のサイトビジットは、ＮＩＨの審査委員に、いくつかの疑問を残した。ギルマンとシャリーのチームは、果たして視床下部の解明ができるであろうか。一九六七年四月、審査委員会は、視床下部ホルモンのコンファレンスを開くため、特別委員会を作り、一九六一年マイアミでのコンファレンス以後のこの分野の研究成果を調査することになった。しかし暗黙の目的は、ここへ各分野のエキスパートを招集し、シャリー、ギルマンの研究が、なぜ、あまり進展しないのかを調査することであった。両者は、これまでの成果と今後のプランの提出を求められ、検査官たちの質問に対する彼らの返答しだいで、今後、ＮＩＨ研究費援助の如何が決定されることとなった。ギルマンは、会議を開かせないためあらゆる策を講じ、司会者、マイティスに働きかけた。シャリーも、会議の責任者の一人、ライクリンに自分は出席しないぞと、におわせたが、二人ともこの会議の開催を止めることも欠席することもできなくなった。この裁判ともいえる会議は、一九六七年一月八日から一一日にかけ、アリゾナ州ツーソンで行われた。シャリー側の視床下部ホルモン検定法の責任者として私も出席した。

Ｖ　ツーソン会議

会議は、ハリスの開会講義で始まった。視床下部ホルモン説を打ち立てた彼は、下垂体門脈血を集めて、その中に視床下部ホルモンが高濃度に含まれていることを実証しようといていた。ところが会議の冒頭から予期しない波乱が起こった。そこに居合わせたテキサス大学のポーターも、ラット下垂体門脈血を採取するため、大変な努力と時間を費やし、他の機能をできるだけ損傷せずに、下垂体系に達して、汚染されない門脈血を採取する方法を確立していた。故意かどうかわからないがハリスは、一九六六年に書いた総説に、ポーターの重要な論文を引用しなかったのである。それ以来、ハリスを心よくおもっていなかったポーターは、聴衆の面前でハリスの採血法の欠点を容赦なくこきおろしたのである。ハリスはポーターの鋭い追求を、これも勇敢に防衛した。しかし、ハリスにとって都合の悪いことには、ポーターは、一九三六年にハーバード三〇〇年祭のときに書かれたフリードグッドの視床下部ホルモンによる下垂体調節説のテキストを入手していた。ポーターは、視床下部ホルモン説はハリス以前、すでに提唱されていたものであり、ハリスのオリジナルなものではないとハリスの功績までも引き下げようとしたのである。フリードグッドのことを初めて聞かされたハリスは、まったく信じられないというふうにただ呆然となった。打ちのめされた彼は、会場アリゾナ・インのバーで、会議の間中酒を飲んでいた。会議の最終日、ハリスは元気をとり戻して逆攻勢を敢行する。

ハリスが一時打ちのめされて退場したリングに、次は、ギルマンとシャリーが登場し、二人の間に戦がはじまる。TRHの抽出法でシャリーは、自分の方法がギルマンのそれよりはるかにすぐれており、ブタの視床下部から抽出したTRHは、ギルマンのところでヒツジの脳からとり出したTRHよりその回収率がはるかに高いと報告した。ギルマンはこの報告を信じなかった。回収率とか収量とかいう表し方では、本当にどれだけ物が入っているかはっきりしない。もし、活性を測定するスタンダードを作り、これを用いて表現するなら、純化操作の各段階で、はっきり用量を測定表現できると主張した。ギルマンの計算によると、シャリーは、もともと二〇万単位のTRHを含有するブタ視床下部から、三〇〇万単位に相当するTRHをとり出していることになるとシャリーの精製法を批判したのである。これはシャリーを怒らせるに充分であった。すかさずシャリーは、「スタンダードを使う、使わないは、われわれの勝手である。スタンダードを使わなかったからわれわれの仕事が信用できないということは、とんだ間違いであり、フェアでない」とギルマンにきりつけた。聴衆の前であることも忘れて、二人のやりとりは激しさを加えていった。サフランが二人の緊張を和らげようとして、視床下部研究についての自作の詩を披露したが、一向に効き目はなかった。ギルマンも、攻撃の舌をゆるめなかった。次いで自分のところのバーガスに最近得た新知見を発表させ、シャリーに止めを刺させようとしたのである。ねばり強いバーガスは、ギルマンのチームに加わってから三年間、TRHの抽出、精製法に精魂を傾けた。ペプチド含量も、八パーセントから八〇パーセントに上った。そして、バーガスも、一九六六年、シャリーが報告したと同じように、彼のTRH標品の中に、グルタミン酸、ヒスチジン、プロリン三個のアミノ酸しか検出できなかったのである。バーガスの報告は、視床下部ホルモン研究の画期的進歩として、直ちに聴衆の気持をうばった。しかしバーガス自身、この結果の意味がはっきりしなかった。あと二〇パーセントは果たして何であろうか。「TRHが完全なポリペプチドであるかどうか、いずれにしろペプチド部分の構造は解明することができる。そして近い将来TRHの全貌を明らかにすることもできるだろう」と結んだ。シャリーはこの話を自分の以前の報告の再報告にすぎないと軽くみたのだが、シャリーのチームでTRHの検定を行っていたバワーズはことの重大さに気づいた。まもなくギルマンが最初の視床下部ホルモンの解明者になるのではないか。

ツーソン会議にはたまたまテキサス大学の著名な化学者フォーカスが若いドイツの化学者エンツマンを連れてきていた。フォーカスはスタンフォード研究所にいた頃、そこのマススペクトロメーターを訪問したバーガスの話をきいて視床下部ホルモンの研究に興味をもっていたのである。バワーズはシャリーに対してフォーカスにTRHの化学を手伝ってもらえと進言した。シャリーは嫌だった。化学を自分の領域と考えているシャリーは、有力な化学者の協力を得ることで成功の暁に自分の功績が折半になる危険をおそれていた。しかしもはや猶予はできなかった。ギルマンはもうすぐTRHの秘密のベールを完全にはぎ去ろうとしていた。シャリーはしぶしぶバワーズの進言を聞き入れた。

ニューオーリンズのチームが、オースチン、フォーカスのチームに近づこうとしている頃、ツーソン会議の現場でギルマンは次のステップにかかろうとしていた。彼は宿のアリゾナ・インからスイスのバーゼル、ホフマン・ラ・ロシュ会社の知人に電話して、TRHに含まれた三つのアミノ酸をいろいろ組み合わせた六つのトリペプチドを合成してくれるように頼んだ。ちょうどシャリーがメルクに頼んだことと同じである。

とにかくツーソン会議は波乱の中に終ったが、バーガスの報告で視床下部ホルモン解明近しと判断したＮＩＨは、これからもギルマン、シャリー両チームに引き続き研究費を出すことを決定した。

VI　TRHの解明

ホフマン・ラ・ロシュから送られてきた六つのトリペプチドは、いずれもTRH活性を示さなかった。ちょうど一九六六年にシャリー・チームが得た結果と同じである。一方バーガスもまた、シャリーと同じようにTRH分子のＮ端がフリーでないのを確認した。一九六九年バーガスはこのことでさらに一歩をふみだした。Ｎ端がフリーでないなら、何らかの形でブロックされているのだろう。いくつかの天然ペプチドは端がアセチル基でブロックされている。バーガス、ギルマンは六つの合成ペプチドのＮ端にアセチル基をつけてみて、その活性を調べてみようと思いついた。

TRHの検定はマッケンジーのTSH検定法が利用されている。被検物をマウスに注射して甲状腺にとりこまれた^{125}Iを含んだ甲状腺ホルモンの分泌がひきおこされるかどうかをみるのである。ヴェールが六つのアセチル化したトリペプチドをマウスに注射した。パークスがその血液をカウンターにかける。バーガスの研究歴の中で、それは最も興奮した瞬間だった。六つのうち一つだけが活性を示したのだ。

そのペプチドは、Glu-His-Proであった。活性はTRHほど強くなかったが、この配列のN端のブロックが活性に必要であるのがはっきりした。これはまた一大前進である。一九六九年四月一四日にこの報告が、フランスの"*Comptes Rendus*"に速報として提出され、一週間後刊行される。この雑誌はアメリカではあまり読まれないので、もっと広く行き渡っている"*Science*"にも投稿した。しかし化学の部分が不完全であるのと、すでにフランス誌に報告されたという理由で受理されなかった。

一方シャリー・バワーズ・フォーカス同盟の結成はそれほどやすやすとは進まなかった。ツーソン会議の二週間後、フォーカスとエンツマンはニューオーリンズを訪れた。バワーズが自宅に招待する。シャリーはアドバイザーのキャスタンとTRH検定をやっていた技術員のレッディングを連れてきた。フォーカスが主に招待してくれたバワーズとだけ話をするので、これではバワーズが指導者で自分は従の立場になると感じとって、気分を害していた。次の日シャリーは二人を自分のオフィスに呼んでこれを訂正する。

彼らが話している途中、ニュージャージーのメルク社から化学者がやってきた。マススペクトロメトリーのエキスパート、アルベール・シェーンベルクである。一九六六年にシャリーが精製したブタのTRH標本をメルクに送って、何か構造について新知見が得られないかと頼んでいたのである。マススペクトロメトリーの結果からも、何もはっきりした情報は得られなかった。シャリーは標本の入ったチューブを不思議そうな顔で調べていたが、やがて怒りを爆発させた。チューブの中の細かい粉の中に一本のまつげが混じっていたのだ。メルクでは彼が苦心惨憺の末得た貴重なサンプルをかくも不注意に取り扱ったのかと言うのだ。それは無理もない怒りだった。とにかく、そのチューブをフォーカスに渡したが、彼の渡し方は慎重極まるものだった。彼は一方の手でサンプルを渡すと共に、別の手で箱を持ってその下にそえた。こうしてもし落としても、箱で受けとめられるように心を配ったのである。この注意深いやり方は、フォーカスと若いエンツマンをいたく感動させると共に、その試料がいかに大事なものかを二人の胸に刻みこんだのである。

オースチンに帰ったエンツマンはTRHの構造解明に熱中した。ニューオーリンズでも化学者バレットが、一般に用いられる方法で、アミノ酸配列がGlu-His-Proであると突きとめた。一九六九年二月末のことである。しかしそれから先が困難であった。オースチンではエンツマンが知っている限りの化学分析法を駆使したが、純粋の物質が示すようなはっきりした結果は何も得られなかった。バレットが得たアミノ酸配列とC端、N端がブロックしていることを確認するくらいが精一杯だった。エンツマンがもうこれ以上何もできないと考え始めた頃、ヒューストンのバーガスはまた一躍進した。

スイスのホフマン・ラ・ロシュの化学者が、アセチル化するときに、分子にそれ以上のことがおきる可能性があると言ってきたのだ。とくにN端がまきこんで、中で環状構造を作る可能性があると言う。

グルタミン酸がまいて環状構造を作れば、ピログルタミン酸になることは知られており、その頃構造がわかっていた天然の蛋白質の中に、N端がピログルタミン酸になっているものも知られていた。バーガスはもともとアセチル化したGlu-His-Proを作ろうとしたのだが、それがPyro-Glu-His-Proを作っていたのかもしれないのだ。スイスの化学者たちに、今度はAcetyl-Glu-His-ProとPyro-Glu-His-Proを作ってもらい、これを別々にテストすることになった。そして、前者にはほとんど活性はないが、後者にははっきりと活性があることがわかったのである。

しかし、Pyro-Glu-His-Proはなお天然の最高に精製されたTRH標本に比して活性が低かった。一九六九年六月"*Comptes Rendus*"に提出した論文で、「この結果、われわれはPyro-Glu-His-Proの類似体をいろいろ作って、活性を調べてみようと考えた。その中でとくに興味あるのは、Pyro-Glu-His-Pro-amideだ。と言うのは、生物活性のあるポリペプチドの中には、C端がアミドになっているものが多いからだ」と、初めて正しいTRHの構造にふれている。これは素晴しい考えである。バーガスはこのペプチドを合成し、天然品と比較した。赤外線回折とNMRを使った実験である。非常に近い。しかしまだ少し違うのである。

オースチンでエンツマンはあえいでいた。彼は"*Comptes Rendus*"四月二一日号に載ったヒューストンチームの論文も五月末日になるまで見なかった。ペプチド含量八〇パーセントというツーソン会議でのバーガスの発表も、これを間違いだとするシャリーの主張で重視しなかった。完璧な純料品と言われるシャリーのTRHは三〇パーセントがペプチドで後七〇パーセントはそれ以外のものなのだ。シャリーのTRHはマススペクトロメトリーで、かすかながらミリストレイン酸がみとめられた。ペプチド精製のときよくみられる汚染物質である。これがペプチド以外の含有物でないのか。

もう何もやることのなくなったエンツマンは最後の実験としてミリストレイン酸をN端につけてみようと思った。しかしこれがすぐ手に入らなかったので化学的に最も近いパルミトレイン酸を使うことにした。パルミトレイン酸をGlu-His-ProのN端だけにくっつけるためにエンツマンは二つのカルボキシル基をブロックした。C端とグルタミン酸の端にあるカルボキシル基である。これはアミド化するときに普通行われる。そしてこれにパルミトレイン酸をつけた。もう一つは好奇心からGlu-His-Proをアセチル化したアナログも作った。そして二重にアミド化したもの、パルミトレイン酸をつけたもの、アセチル化したアナログ三つをニューオーリンズに送った。

一九六九年五月一六日エンツマンにシャリーから電話が入った。「とうとうやった」。三つのペプチドすべて活性があった。シャリーの声ははずんでいた。しかしこの結果は何と説明したものであろう。しかももっとも活性があったのは二重にアミド化したものなのだ。天然のTRHとほとんど同じ活性であるこれこそTRHに外ならないのでなかろうか。しかしシャリーの計算によれば、これは小さすぎる。もう一つの疑問は天然品はN端がブロックされているのだ。二重にアミド化したトリペプチドはN端がフリーのはずだ。次の二、三日エンツマンはこの偶然にみつけた発見を分析しようとした。

そして化学文献をしらべているうち間もなく彼が見落としていたことに気づいた。グルタミン酸の端のカルボキシル基をアミド化すると、とくに水溶液中で、この部が環状となってアミノ基と結合してピログルタミン酸を作るのだ。シャリーのところに送った二重にアミド化したと考えたGlu-His-Proは実はPyro-Glu-His-Pro-amideだったのだ。これでN端がブロックされている説明もつく。この物質こそTRHと同じものでないのか。

かくして一九六九年六月の初めにはTRHをめぐるギルマン、シャリー・チームの競争は全く切迫したものになっていた。両方とも違ったルートで偶然からPyro-Glu-His-Pro-amideが強力なTRH活性を示すことを発見したのである。しかしこのペプチドがTRHそのものであるかどうか両チームとも確信がなかった。シャリーのTRH標本の七〇パーセントのペプチド以外の物質はただの夾雑物ではないかとエンツマンは思った。しかしシャリーもフォーカスもこれに賛同しなかった。

六月二八日ニューヨークで行われた内分泌学会で両チームは再び聴衆の前で衝突することになった。このやりとりでギルマンはシャリー・チームをはるかに抜いていると確信していた。シャリー自身はこのとき出席せずレディングにアセチル化したトリペプチドがTRH活性を示す話をさせた。ギルマン、バーガスはすでにそのときこの物質は全く活性のないことを知っていた。彼は立ってそのことを述べた。そしてPyro-Glu-His-Pro-amideが強力なTRH作用をもつ物質であるが、これはTRHそのものではないと報告した。しかしギルマンは相手陣営の沈黙の理由を見誤ったようだ。薬業界で長く活躍したフォーカスは特許権の重要さを知っていたし、あまり早く多くをしゃべらないほうがいいことも知っていた。一方ギルマンは研究上少しでも優先権《プライオリティ》をとるために何でもいち早く報告したがった。

しかしフォーカスも今、この合成ペプチドがTRHと同じものかどうかということで時間を費やしてはならないことをさとっていた。そして多すぎも少なすぎもしない論文を書いたのである。それはPyro-Glu-His-Pro-amideとacetyl-Glu-His-Pro-amide合成の方法を書いたものだが、これがTRHそのものかどうかには何もふれていなかった。フォーカスはこの論文の著者の一番に自分の名をおいている、シャリーの名前は最後だ。シャリーはTRHの研究に生涯をかけたのだ。フォーカスは数か月手をかしただけではないか。成功を目の前にしてせっかくの功績をフォーカスにやってしまうことになるのだろうか。シャリーの苦悩は深くなった。しかしこれらの合成品はすべてフォーカスが提供したものなのだ。ニューオーリンズではそれの活性をはかっただけなのだ。すでに名声の高いフォーカスと著者の順番で争うことはおろかなことだし、今はそんなことで時間をつぶすときでもない。シャリーは涙をのんだ。それ以来シャリーとフォーカスの間は冷めていった。初めから一緒に仕事をしても暖かい友情関係は何もなかったのだ。「フォーカスは鷲だ。強力なつばさで獲物があれば飛びかかってつかんで行く」と私にも憤懣をこぼしていた。この論文は八月八日に"BBRC"に受理された。

一方ヒューストンではバーガスがついにマススペクトロメトリーで精製されたTRHとPyro-Glu-His-Pro-amideとを比較することに成功した。結果は両者はまったく同じ物なのだ。赤外線回折や生物検定の結果みられたわずかの違いはとるにたらないものであったことがわかったのだが、ギルマン、バーガスはそのわずかな差にあまりにも強くこだわりすぎていたのである。ギルマンは有頂天になった。早速祝賀パーティが開かれた。一〇月のことである。ギルマンとバーガスは早速この結論を論文にして"*Comptes Rendus*"に送った。パリに論文が着いたのが一〇月二九日である。

一方シャリーのチームでは八月から九月にかけてTRHの実験は着々と進んでいた。一七種類もの異なったクロマトでエンツマンはPyro-Glu-His-Pro-amideがTRHと同じであることを証明したのである。バワーズもこの二つの物質は生物検定で差がないことを確かめた。九月半ばすべてが明らかになった。論文が書かれ"BBRC"に提出され、九月二二日に受理された。ギルマンの論文は"*Comptes Rendes*"一一月一二日号に出た。シャリーチームの論文は"BBRC"一一月六日号に出る。シャリーの勝である。しかし七年間にわたるTRHレースの最後のゴール入りはわずか一週間の差であったのだ。

VII LHRHの追求

TRHのレースが終わった後もシャリー、ギルマンの間の競争はおとろえるどころか、ますます熾烈さを加えていった。LHRHレースである。このときはダラスのマッカーンも、英国のハリスもレースに加わった。バワーズは今度もフォーカスにシャリーを助けさせようとした。しかしシャリーは断った。自分の生涯をかけているプロジェクトを奪いとろうとしている男などに、協力など頼めるかというのだ。協力の申し出を断られたフォーカスは、当然の成り行きとして、自分だけでやろうとした。そしてシャリーに材料を提供しているオスカーマイヤー精肉会社に同じ条件でブタ視床下部をわけてくれるよう交渉を始めた。これを知ったシャリーは怒った。自分が長年かかって開拓した市場を荒そうとするのかと。二月の初め、フォーカス夫妻がニューオーリンズに来たときも、シャリーは会おうとしなかった。バワーズ、シャリーの関係もしだいにおかしくなってきた。対等のパートナーという最初の約束を破ってシャリーは、何もかもVA病院の自分のオフィスから指揮しようとした。臨床家のバワーズはLHRH

天然品を臨床実験に使う計画をたてたが、シャリーはそれをバワーズにやらせず、友人でありアドバイザーであるキャスタンにやらせた。TRHが臨床に使えるようになっても、それを協力者のバワーズに渡さず、海を越えたスウェーデンのルフト（ノーベル賞委員会委員長）に送った。対等のパートナーのはずのバワーズは研究討議のためいつもチューレンからVA病院のシャリーのオフィスにやってきた。ある日、私のNIH研究費のことで、バワーズが私のオフィスに来て話しこんでしまった。シャリーとの約束の時間がきても相談が済まなかったが、オフィスでいらいらしながら待っていたシャリーは、とうとう私のオフィスまで来てバワーズを、まるで上司が下僚を叱る調子で遅延をなじった。

さすがに、おとなしいバワーズも逆上してシャリーの失礼を責め、そのまま帰っていった。シャリーはその後、手紙で詫びたが、バワーズは返事もよこさなかった。

ギルマンはLHRH追求の最中の一九七〇年六月、サンディエゴの郊外にあるソーク研究室に移って行った。太平洋を見渡す高台に建てられた白亜の研究所である。彼は国際開発部（AID）から五年間四四〇万ドルにのぼる巨大な研究費を獲得した。ギルマンには、TRH精製に使ったフラクションが残っていて、それからLHRHを取り出すことができた。バーガスが抽出精製にとりかかり、エーモスが検定を行った。そして一九七〇年一二月までにTRH分離に使ったフラクション中のLHRHを単離精製し終った。LHRHの構造決定には、少なくとも一〇〇マイクログラムが必要だと思ったが、幸い収量は一二五マイクログラムあり、しかもその五〇〜七五パーセントが、ペプチドであった。最初のステップはアミノ酸組成を決めることである。酸加水分解をやって九つのアミノ酸が見つかった。N端がPyro-Gluで、C端はアミド基でブロックされているらしいのもTRHと似ていた。このときはギルマンは慎重で軽々しく発表せずＡＩＤに提出する極秘の研究報告に書いただけだった。

ギルマンはシャリー、マッカーン、ハリス、どのチームよりもLHRH単離では先んじていると信じていた。ところが思いがけないことがおこった。一〇〇マイクログラム近くあると思っていたLHRHは計算し直してみると、四〇マイクログラムに満たないのである。幸いなことに、ギルマンは充分な研究費をもっていて、さらに五〇万頭分のヒツジ視床下部を貰うことができた。しかし原料から出発し抽出するのでは貴重な時間をかなり費やさねばならない。そこへまた悪いニュースがきた。その年の内分泌学会プログラム委員であったギルマンのところに送りこまれた抄録の中にシャリーのものがまざっていた。そしてブタLHRHは九つのアミノ酸からなるとバーガスがヒツジLHRHで発見した同じアミノ酸が記されているのである。ギルマンは事態の重大さに気がついた。彼はシャリーチームに先んじているどころか新しい材料の純化にとりかかっている間にシャリーのほうがリードして行くのでなかろうか。ギルマン、シャリー両者共ノーベル賞がちらつき始めた頃である。LHRHの解明をどちらが先にいつ完成するかは決定的重大事であった。

VIII 日本人学者の貢献

LHRHの生物活性検定をひきうけていた私は何とかして、このレースでシャリーを勝たせたかった。シャリーが日本から私を呼びよせたとき化学の仕事は自分で責任をとるから生理学の問題ではすべて責任を負ってくれと言ってきた。私は彼の期待に答えようと検定法についてはどの研究室にも負けない設備と陣容をととのえていった。下垂体ホルモンのRIAも他に先がけて設立していた。

一九七〇年LHRH構造の研究は化学者馬場〔義彦〕が行っていた。シャリーの研究室は抽出精製装置は、最新の機器が揃っていたが分析化学のほうは、自分の領域以外の無関心を反映してゼロに等しかった。がたぴしのアミノ酸分析機をなだめすかしつつ、馬場はLHRHには、アミノ酸が九つあることを明らかにした。N端C端共にブロックされていて、TRHと同じようにN端はPyro-Glu,C端はアミドらしい。サンディエゴのドーリトルが精製したPyro-Gluを切る酵素（ピロリドン、カルボキシペプチダーゼ）でLHRHの活性がなくなるので、LHRHのN端はPyro-Gluだというギルマン・チームの報告が現れる。馬場と私は、緊密に協力しながらアミノ酸配列について、少しでも多くの情報をつかもうと、種々のペプチダーゼ化学反応でLHRHの活性が消失するかどうか調べていった。これらの結果は、後に松尾〔壽之〕がわがチームに参加して思い切った作戦をたてる上におおいに役立ったのだが、LHRH構造そのものの真髄に迫ることはできなかった。とにかく二五〇マイクログラムでは当時の分析化学技術をもってしては構造決定は無理である。私たちの意見をきいてシャリーも直ちに新しい大量の材料から抽出を始めることになった。しかし時間が許すかどうか。シャリーはわずか手持の二五〇マイクログラムで構造決定できる有能な化学者がいないだろうかと相談をもちかけてくる。私は化学者にあまり知己がなかったが、日本には医学界で活躍している友人がいたので彼らに頼んで探して貰おうと思った。後で慶應医学部部長になった浅見〔敬三〕に相談した。浅見は化学畑の薬化学の稲山〔誠一〕に依頼した。稲山は早速一人の候補者の履歴と業績を送ってきた。かなり優秀な人らしいがとにかくこの仕事は化学上の常識を破れるだけの力が必要なのだ。私は稲山に実状を説明した。材料は二五〇ミリマイクログラムしかないのだ。しかもこれが純粋なペプチドであるかどうかもまだ確実でない。実際LHRH活性はアルカリ溶液中で一晩のうちに消失した。糖も入っているのでないか。稲山は母校の東京大学薬学部の教授に話して教授会ではかって貰った。教授会ではこんな難しい要求は初めてだという。現在の分析化学技術ではまず不可能に近いことだというのだ。稲山はそれでも根気よく探してくれた。そして最近^{3}Hで選択的にラベルすることによってペプチドのC端アミノ酸を決定できる方法を開発した松尾はどうだろうといってきた。あの方法を使えば相当少量のペプチドでも構造決定に役立つのではないか。その頃松尾は大阪の蛋白研にいた。稲山は電話で私は手紙で彼の興味をひこうとした。自分の開発した方法を何か実際の目的に使ってみたいと考えていた松尾はちょっと興味をひかれたが、まだ渡米して視床下部ホルモンの仕事をするまでふみ切れなかった。しかもこの分野は彼にとってまったくなじみのないものなのだ。それから半年の間、私はたびたび松尾に手紙を書いた。やっと彼を口説き落として、松尾夫妻がニューオーリンズに着いたのは、一九七〇年大晦日であった。

　松尾が来てくれればと願いながら、馬場と私は仕事をつづけていた。将来LHRHの構造が明らかになってきても最後のきめ手は、その構造のペプチドを合成して、活性を確かめることだ。アミノ酸の数が多いので合成もTRHのように簡単ではなかろう。シャリーはそのときはアボット社に頼もうという。しかし彼らがどれだけ早く合成できるだろうか。時間が問題だ。メリフィールド法なら自分でもやれると馬場が言うが、シャリーの研究室には何ら合成設備がない。それほど高価の設備でもないのでとにかく今のうちに用意しておいたほうがいいと馬場も私も意見が一致した。シャリーはあまり関心がなかったが反対もしなかった。私はまずチューレン大学生化学教授のハギンズに会って相談した。彼もこの設備に興味をもっていて購入先を教えてくれた。大阪の松原商店だと言うのだ。松尾が着く前にこの機器も届いていた。

松尾はシャリー研究室の分析化学装置の貧弱さに驚いた。シャリーは研究費の大部分を自分の生命ともいえる抽出精製装置につぎこんだ。それ以外のことには極端に出し惜しみした。松尾が初めてシャリーに会ったとき、彼は長年かかって精製した二五〇マイクログラムのLHRHの入ったチューブをそのまま松尾に渡したので彼はまた驚いた。信用するとなれば徹底して信用するのだ。そして着いたばかりの松尾にシャリーは「ギルマンは憎い敵だ。どうしても勝ちたいのだ」と感情をむきだしにして言った。私と馬場はなれていたが松尾はこうあからさまに言われてまたびっくりした。

松尾は正月早々仕事にかかったがまず^3Hラベルのために^3H_2Oがいる。しかし購入するには最少量でも1/2キュリーは注文しなくてはならない。

この量はVAで許可されているラジオアイソトープ総量をはるかに上まわるものである。新しく許可申請しても許可が下りるのは一～二年先のことだ。シャリーに相談したが、他人事のように無関心である。しかしこれが解決しなければ松尾を呼んだ意味もなくなるのではないか。私はシャリーの態度にかかわっていられなかった。チューレン大学でもそれほどの許容量はなかった。私はやっと近くの「ルイジアナ」州立大学医学部で機関全体の許容量内ということで、1/2キュリーの$^{3}H_2O$を注文して貰うよう頼みこんだ。実験もそこでやってもらうのだ。責任者の薬理のテグノーは、非常に好意的であらゆる便宜をはかってくれた。

松尾は早速数マイクログラムのライシンバソプレッシンを使ってC端ラベルをやってみた。このペプチドもC端グリシンがブロックされたアミドになっている。実験はうまく行きこの方法がLHRH構造解決にも使える見込みがついた。

LHRHのN端はPyro-Gluらしいが果たしてそうなのか。私はドーリットルに手紙を書いて彼のピロリドン、カルボキシル、ペプチダーゼをわけて貰うように頼んだ。彼はすぐ送ってくれた。早速LHRHに作用させると活性は消失するのだがよく調べると分子があちこちで切れている。ペプチダーゼが純粋でない証拠だ。ドーリットルに電話して一番綺麗なペプチダーゼをくれるように頼む。近くニューオーリンズの学会に出席することになっていた彼は自分でこのペプチダーゼを持ってきてくれることになった。ところが訪ねてきたドーリットルと私たちの間で問題がおきた。彼は充分量をやるから思い切った量を使えというのだ。

だが私たちの関心はこの酵素でLHRH活性をなくすことではない。これが特異的にPyro-Gluを切るかどうかを知りたいのだ。いくら純粋でも百パーセント純粋でない、多量使えばそれだけ混入している他のペプチダーゼで非特異的に活性がなくなることもある。大量は使えないという私たちの立場を彼はなかなか理解できず、帰途空港まで送った車の中でも大声で私と松尾に効果をみるには大量に使えと叱りつけるように言った。とにかく彼の純粋なペプチダーゼは少量でもシャリーのLHRHを失活させた。

松尾は賭ともいえる作戦をたてた。一回の実験に五マイクログラムのLHRHを使う。これをキモトリプレシンで切る。そして切れたフラグメントが混じったままその1/5を新しくできたC端決定に4/5をN端決定に使うのだ。一度切ればいくつかのC端N端ができるが、理論的には両方の数は同じでなくてはならない。ところが一つのC端と二つのN端が現れた。おかしいと思った松尾はLHRHアミノ酸組成を調べたときの酸加水分解の条件をしらべてみた。アミノ酸の中でトリプトファンは、普通の酸加水分解条件下で壊れることは化学者はよく知っている。馬場もバーガスもこのミスを犯したのだ。トリプトファンの破壊を予防する方法がとられた。トリプトファンがあったのだ。LHRHのアミノ酸は九つでなく一〇なのである。

シャリーは喜んだ。近日中に出席する化学の学会で発表したいという。私たちはとめた。学会にはギルマンのメンバーも来ているのだ。

この情報は彼らにとっても重大なものでそれで彼らは一気に構造決定をやってしまう可能性もあった。「では六月の内分泌学会まで、君たちにまかせよう。それまで構造決定ができなければそのときは自分にまかせてくれ」とシャリーは言った。まったく弱気なのだ。

松尾の作戦はうまくいった。キモトリプシンで出てきたC端アミノ酸は^{3}HラベルでしらべたTrpとTyrの二つである。切れた場所は二か所だ。N端はエドマン分解で一つずつはずして調べた。第一段階でSerとGly, 第二段階Tyr, Leu, 第三段階でGly, Argが現れた。サーモライシンでも切ってみた。三つのC端（His, Ser, Gly）が出てきた。三か所で切れたのである。三つのN端アミノ酸は最初がTrp, Tyr, Leuであった。第二段分解でSer, Gly, Arg, 第三段階でPro, Tyr, Leu, 第四段階でGlyだけが出てきた。後はこれらの結果を説明できるアミノ酸配列をみつけるクロスワードだ。

賭は勝った。二つのペプチドが想定された。

❶Pyro-Glu-His-Trp-Ser-Tyr-Gly-Leu-Arg-Pro-Gly-NH_2

❷Pyro-Glu-Gly-His-Trp-Ser-Tyr-Gly-Leu-Arg-Pro-NH_2

が最終的には、この二つのペプチドを合成して天然品と比較することである。

合成は馬場がすることになっていたがシャリーと学会に行ったのでこれも松尾がやることになった。日本からとり寄せたペプチド合成器が早速役に立った。

私は検定の用意をして合成品ができるのを待った。松尾は昼夜兼行で働いた。まず最初のペプチドができた。これをステロイド処理したラットに注射して採血した血液を直ちにLHRIAにかけた。最後のカウンターにかけたのは一九七一年四月二五日日曜日の朝であった。

私は今でもこの日のことをありありと覚えている。「今日は歴史的発見があるかもしれない。そのときは皆で祝いたいから、シャンペン・ディナーを用意しておいてくれ」と妻に言い残して家を出た。晴れた日だった。だが、家を出て間もなく、車のタイヤカバー「ハブキャップ」が転がり落ちた。迷信は信じない私だが嫌な気がした。車をとめて、これを取りつけ走り出したが、二、三ブロックを行くと、また落ちてしまった。ますます悪い。VA病院についた私は、何となく落ち着かぬ気持で研究室に入って行った。二階は誰一人いず静まりかえっていた。私は冷蔵庫にいれてあったテストチューブを遠沈してカウンターにかけた。私はカウンターの前にしゃがみこんでレジスターを見つめていた。

突然カウントが落ち始めた。これはLHが多量に放出されたことを意味する。今私は世界で初めてLHRHの姿を見たのだ。私は電話口へとんで行った。電話に出た松尾夫人は松尾は今朝方帰ってきたのでまだ寝ている。後で電話をくれないかと言った。午前九時である。松尾は第二候補のペプチドの合成にすでにとりかかっていたのだ。「いや、起こされても彼は文句を言わないから、とにかく起こしてくれ」と私はしつこく言った。ねぼけ声で電話口に出た松尾は私の報告をきいて目がさめたようだった。「すぐ行きます」と言って電話がきれた。馬場の家にもかけた。夫人が今散歩中だという。仕方ない。帰ったらすぐ研究室に電話をくれと頼んだ。そして私は階下のシャリーのオフィスに入って行った。彼は日曜でもいつも午前中オフィスで仕事をしていた。

「アンドリュー、とうとうやった。祝おうじゃないか」。私は静かにこういって彼の手を握った。彼は立上がって握り返した。彼の童顔に微笑が広がっていった。

その晩わが家の小さな食堂でシャリー夫妻、馬場、松尾夫妻、それに妻と私とでささやかながらシャンペンを抜いてこの成果を祝いあったのである。

最初の論文は松尾が書いた。"BBRC"に五月初旬出され、六月末に出版されるはずであった。シャリーはLHRH構造発表を六月に開かれる内分泌学会で行いたかった。一番長い間苦労したシャリーとしては当然だと私は思った。しかし五月末にニューヨークのロックフェラー大学でゴナドトロピンの学会が開かれることになっていて、そこでギルマン・チームの一人エーモスがLHRHについて話すことになっていた。シャリーはその頃ギルマンのところでLHRHの構造が決定したという噂をきいていた。エーモスがそれをニューヨークの学会で発表する可能性もあった。シャリーはそれをひどく心配したが自分がそこへ行って発表しようとはしなかった。私と松尾が行くことになった。そしてもしエーモスがLHRH構造を発表すればそのときはこちらもすかさず発表できるよう私にLHRH構造のスライドを作ってポケットに入れて行くように言った。私はそこでLHRH天然品を使った種々の生理実験の話をすることになっていたが、合成LHRHと天然LHRHの活性比較のデータだけは発表しようということになった。

ニューヨークの会ではエーモスが先にギルマンチームを代表して話した。LHRHは九つのアミノ酸からなるがまだ誰もアミノ酸配列をきめたものはないと言うのだ。私は何を勝手なことを言うのかと思った。われわれはもう一か月前に構造を知ったし、合成品もテストしたのだ。私は構造の発表は約束どおり内分泌学会でシャリーにさせよう、しかし構造を解明したことは報告してやろうと考えた。エーモスの次は私の番であった。LHRH天然品の生理実験のデータを説明した後、構造研究にふれ、私たちはついに構造を解明したと発表したのだ。会場は一時死んだように静かになった。次いで天然品と合成品の活性比較のデータを見せた。沈黙は突然質問の集中攻撃となった。エーモスは乞うようにして構造を教えてくれと言った。私はエーモスもギルマンも憎いと思ったことはない。しかしシャリーとの約束があるのだ。私は構造発表は来月シャリーが内分泌学会で行うと言ったが聴衆は許さなかった。構造決定法については松尾が説明するといって松尾に代わって貰ったが、彼も特別な方法を使ったと言っただけで構造発表はシャリーがすると繰り返した。会場はますます騒がしくなった。「この会を、それほど軽く見るのか」と詰問する者も現れた。出席していたライクリンはこれは化学的ストリップティーズだと言った。グリーンウッドは「シャリーとギルマンの仲の悪さは知っているがその二代目といえる若いジェネレーションの間でもこのような意地悪なやりとりがあるのは耐えられない」と言って責めた。私はシャリーより三つ年上だ。人の気持も知らずに何を言うかと頭にきたが黙っていた。そのうち時間切れとなった。私は電話口に急いで行って、シャリーに電話した。「ギルマンのほうはまだアミノ酸が九つと言っている。LHRHの構造は発表しなかった」と言った。シャリーは「それはよかった」と有頂天のようすが電話でも感じとられるようだ。「その代わりこちらは散々だ」。私はそう言って受話器を叩きつけるように置いた。

IX　サンフランシスコ内分泌学会

シャリーの晴の舞台はサンフランシスコ、ヒルトンのインペリアルルームであった。座長はギルマンである。シャリーチームがLHRHを解明したことはエーモスの話で知っていた。しかしこの一か月の間にギルマンのチームもLHRH構造を明らかにしたとの噂もあった。バーガスがギルマンのグループの仕事について話をした。そしてLHRHのアミノ酸組成について言及してきた。彼は彼がみつけたアミノ酸について話した。まだ九つのままだった。まだトリプトファンを発見していないのだ。シャリーが勝った。大きなマージンを離して勝ったのだ。一六年のにがい敵対の後、ついに憎い敵を翻弄することができるのだ。

シャリーは立ち上がった。一九七一年六月二四日四時一五分である。シャリーは世界に向けて誇らしげにLHRHの構造を発表した。会場は満員だった。座長ギルマンの前でこれでもかこれでもかといわんばかりに構造決定に至る研究成果を披露していった。持ち前の甲高い声がますます高くなっていった。私たちが渡した刀で彼はギルマンをめった切りにしているように思えた。ギルマンが可哀想になった。この屈辱をどう耐えているのであろうか。私たちにはなぜシャリーがニューヨークでなく、ここで発表したがったのか今になってわかった。シャリーの報告は万雷の拍手の中で終った。座長としてのギルマンはしかし暖かにシャリーを賞讃したのである。このドラマを見ていた私と松尾はもうやり切れなくなった。頭の中ではまだシャリーの甲高い声が鳴りひびいている。二人は釈然としない気持で外に出た。

あとがき

視床下部ホルモンの研究はTRH, LHRHの解明を皮切りに急速に進んで行った。ギルマンのところではソマトスタチンとまた昨年［1982］ヒトの膵腫瘍から三種類のGHRF（hpGRF）が分離された。ギルマンから分かれたヴェールのところでも同じhpGRFがそしてついにGRHもヒツジの視床下部から分離された。ヴェールのチームはまた、ごく最近［1983］ラット視床下部のCRHとGHRHも解明してしまった。精製法、微量分析法の近年のすさまじい進歩で、もうかつて使ったような大量の材料は必要でなくなった。視床下部ホルモンは視床下部以外のいろいろな組織の中でもみつかって神経内分泌学の観念も拡大されてきた。そしてこれらの新しい知識はまた予期もしなかったところでも利用されようとしている。

しかしこの進歩の原動力となったのはLHRH解明に至る一七年間の先輩科学者たちの苦闘だったに違いあるまい（『神経精神薬理』1983.7）。

あとがき

有村勝子

私が小さい時、父・山下岩次郎は亡くなった母たつの御霊を祀り、一心に無縁仏の供養をした。彼は忙しい中、お金に糸目をつけずこの供養に全力を注いだ。彼はしかし五〇歳の若さで狭心症のため帰らぬ人となった。あまりにも短い人生であった。父は六歳にして母を亡くした一人娘の私を大変気にかけてくれた。そんなことから父の仏様への供養が今こうして私を守ってくれているのではないかと思う。

私は小さい時から魂の話はあまり信じていなかった。しかし章が亡くなって一年足らずのころ、不思議なことに巡り合った。

ある夜、自分のベッドへ行くと、そこに章が寝ていた。私はびっくりした。嬉しさのあまり私は彼に手を差し伸べた、とその途端、章の姿は魔法のように消えてしまった。

それからしばらくして、ある朝のことだ。目をさますと寝室の電気がとても綺麗な青緑に輝いていた。そんなはずはない。私は自分の目を疑ってなんども目をこすった。しかし、その美しい色は同じように輝いて見えた。なぜか？　それは私の誕生日の朝であった。きっと章が私のところへお祝いに来てくれたのであろうと私は思った。

二〇〇九年、章の発見した生理活性ペプチドPACAPの国際学会が鹿児島で開かれた。鹿児島は彼の故郷である。ぜひ出席したいと次男・真を伴ってその学会へ出席した。

学会最後の夜、私たちは晩餐会へ出席するため、正装して部屋を出ようとした。ふと何気なく窓の外に目をやると、桜島の上に二重の虹がかかっていた。私たちは目を疑った。しかし何度見ても虹は確かに大きい山の上に二重のみごとな輪を描いていた。

私はとっさに「お父様よ」と叫んだ。私はこの時をおいて他に桜島に虹がかかったのを見たことはない。

同じ年の暮れ、ニューオーリンズでクリスマスを祝うため家族一同わが家に集まっていた。夕方になって近所の人から電話が入った。「今ミシシッピ川に虹がかかっていますよ。急いで見てごらんなさい」と。

私たちは大急ぎでガレージから堤の方へ目をやった。驚いたことにそこには今まで見たこともない二重のみごとな虹が川をまたいで天高く輝いていたのだ。ミシシッピ川の岸に住んで数十年来、このような虹を見たことはない。なんと不思議なことであろうか。私はこれまた章の魂の力を感じずにはいられなかった。

私たち二人は喧嘩をしたこともない。章はすばらしい科学者であるとともによき父親であり、優しい夫であった。人々を愛し愛され、贅沢はできないが経済的にも苦労なく毎日がもったいないように恵まれて幸せであった。

こんなに幸せであっていいのだろうか。章の魂を感じながら私は時々考える。

そんなことが重なって、私は魂を信じるようになった。今もこうして何不自由なく、皆様の友情とご好意に支えられ幸せいっぱいの生活を送らせていただいている。これはご先祖様のおかげであるとおもう。私は命ある限りそれに報いるような生き方をしたいとひたすら祈る毎日である。

次郎・スーザン、真・裕子、美香そして工作舎を紹介くださった大貫昌子さまはじめさまざまなご縁でお世話になった皆様、長い間本当にありがとうございました。これからも楽しく元気で幸せな日々を送ってくださいますように。

結婚六〇周年記念日に

二〇一七年七月三一日

1979	✿勝子、生け花インターナショナルニューオーリンズ支部長就任(～'80)／チューレン大学医学部研究所技術員
1981	◓章、日本内分泌学会名誉会員に推挙される
1984	✿勝子、ニューオーリンズ国際河川博覧会の要所に花を生ける
1985	◓章、チューレン大学エーベヤセンターに日米協力生物医学研究所設立、所長に就任
	✿勝子、第10回生け花インターナショナル北米大会会長
1989	◓章、脳疾患治療への応用が期待されるPACAP(下垂体アデニル酸シクラーゼ活性化ポリペプチド)発見
1992	ウエストチェスター通りへ引越
1993	◓✿第1回PACAP国際学会(ストラスブール)／以後2年ごとに世界各地で開催(～7回夫妻参加)
1995	◓✿第2回PACAP国際学会(ニューホーリンズ:章、大会長) ◓章、勲三等旭日中綬章受章
1996	◓章、日本生理学会名誉会員に推挙される／ハンガリーペーチ大学から名誉学位受賞
1998	◓勝子、ニューオーリンズアートアカデミーで絵画を学ぶ
2002	◓✿スタジオ完成、二人で茶室を仕上げる
2003	◓✿第6回PACAP国際学会(箱根)
	◓章、多発性骨髄腫発症
2005	ハリケーン・カトリーナ襲来
	◓✿第7回PACAP国際学会(ルーアン)
	◓章、ルーアン大学メダル受賞
2007	◓✿結婚50周年記念の日本縦断家族旅行
	◓12月10日 章、ニューオーリンズの自宅で永眠、享年83歳
2008	◓章を筆頭著者とする最後の論文が掲載された"Blood"刊行
2009	✿勝子、PACAP発見20周年記念の第9回PACAP国際学会、同時開催の有村メモリアルシンポジウムに出席(鹿児島)
2011	✿勝子、APAS(アジア太平洋アメリカ協会)より、フランク原賞受賞／チューレン大学より勤続25年を顕彰される
2013	✿勝子、ランバスハウスに移る／第11回PACAP国際学会に出席(ペーチ)
2015	✿勝子、第12回PACAP国際学会に出席(カッパドキア)

＊PACAP国際学会の正式名称は
「VIP/PACAP関連ペプチド国際シンポジウム」

私たちの年譜

1923	12月26日 有村丈次郎と清子の次男として章、神戸市で誕生
1933	✿12月14日 山下岩次郎とたつの次女として勝子、浜松市で誕生
1951	章、名古屋大学医学部卒業
1956	✿勝子、東京女子大学英米文学科卒業。東京YWCA幹事に就職 ✿章と勝子、小塩力牧師の司式で婚約
	章、フルブライト奨学金によりイェール大学に留学
1957	章、下垂体後葉ホルモンの研究で学位取得
	✿勝子、単身渡米し、ニューヘイヴン市で章と結婚
	✿勝子、日本語教師、イェール大学医学部研究所技術員、生け花教師などのかたわら、通信教育でインテリアデザインを学ぶ
1958	✿章、チューレン大学内分泌学研究所ディングマン博士の招聘を受け、妊娠中の勝子とニューオーリンズに移る
	10月13日 長男・次郎誕生
1959	✿勝子、チューレン大学で技術員
1960	1月6日 次男・真誕生
1961	✿章、北海道大学医学部伊藤眞次教授研究室の助手になり札幌へ
	✿勝子、姑・清子の助けで生け花を学び直す
1963	✿勝子、生け花インターナショナル札幌支部設立
1965	✿章、チューレン大学シャリー博士の招聘を受け再渡米
	5月7日 長女・美香誕生
	ハリケーン・ベッツィー襲来
1966	✿勝子、生け花インターナショナルニューオーリンズ支部設立
	✿勝子、草月流生け花ニューオーリンズ支部設立、支部長就任
	チェルシー通りへ引越
1970	章、チューレン大学医学部教授となる
	✿勝子、ニューオーリンズ日本語補習校設立、教師に就任
1971	章、LHRHの構造解明／世界で最も論文が引用された日本人科学者となる(1965～72)
1973	✿勝子、チューレン大学ニューカムカレッジ芸術学部入学('77卒業)
1977	シャリー博士、LHRHの構造解明に対しノーベル生理学・医学賞受賞

著者紹介

有村 章（ARIMURA Akira）

一九二三年、神戸市生まれ。旧制七高（現・鹿児島大学）、名古屋大学医学部卒業後、一九五六年、イェール大学医学部生理学教室に留学。ニューオーリンズのチューレン大学で三年過ごした後、帰国し北海道大学生理学教室の助手となる。一九六五年、チューレン大学教授となったA・シャリー博士の招きで再渡米。一九七一年、馬場義彦、松尾壽之と協力して黄体化ホルモンの分泌をひきおこす神経ペプチドLHRHの構造を解明し、一九七七年、シャリー博士にノーベル生理学・医学賞をもたらす。世界で最も論文が引用された日本人科学者としても注目を浴びる（1965–72）。

一九八五年、日本の財界の協力を得てチューレン大学日米協力生物医学研究所を創立。所長として研究を率先し、一九八九年、脳疾患への応用が期待されるPACAP（下垂体アデニル酸シクラーゼ活性化ポリペプチド）を発見。一九九三年以来、PACAPをテーマとする国際学会が二年ごとに世界各地をめぐりながら開催されている。

二〇〇七年一二月一〇日、ニューオーリンズの自宅にて永眠。

有村勝子（ARIMURA Katsuko）

一九三三年、浜松市生まれ。東京女子大学英米文学科卒業後、東京ＹＷＣＡ幹事に就職。一九五六年、留学をひかえた有村章と婚約。翌年、単身渡米して結婚。日本語教師、イェール大学およびチューレン大学技術員、生け花教師として活躍。札幌時代には生け花インターナショナル札幌支部を設立、再渡米後に同ニューオーリンズ支部を設立し支部長もつとめる（1979–80）。

一九七〇年、ニューオーリンズ日本語補習校を設立して教師に就任。チューレン大学ニューカムカレッジ芸術学部に入学し、デッサン、油絵、彫刻などを学ぶ（1973–77）。

一九八五年、生け花インターナショナル北米大会を会長として開催。

二〇一一年、APAS（アジア太平洋アメリカ協会）より、フランク原賞受賞。

VIP/PACAP関連ペプチド国際シンポジウムには、第１回より７回まで夫婦そろって参加。章没後も、鹿児島（第９回）、ペーチ（第11回）、カッパドキア（第12回）に参加し、各地の研究者と親交を重ねている。

私たちのワンダフルライフ——神経ペプチドに魅せられて

発行日——二〇一七年一二月一〇日
著者——有村 章＋有村勝子
カバー・表紙画——有村勝子
エディトリアル・デザイン——佐藤ちひろ
印刷・製本——シナノ印刷株式会社
発行者——十川治江
発行——工作舎　editorial corporation for human becoming
〒169-0072　東京都新宿区大久保2-4-12 新宿ラムダックスビル12F
phone: 03-5155-8940　fax: 03-5155-8941
www.kousakusha.co.jp　saturn@kousakusha.co.jp
ISBN978-4-87502-489-7

生命とストレス

◆ハンス・セリエ　細谷東一郎＝訳

ストレス学説の創設者が自らの体験をもとに科学的発見をめぐる「方法」と「精神」を語る講義録。詩人の直観的把握力をもって生命全体にアプローチする重要性を説く名著。

●四六判上製●１７６頁●定価　本体２２００円＋税

素粒子の宴

◆南部陽一郎＋Ｈ・Ｄ・ポリツァー

南部博士の「対称性の自発的破れ」と、ポリツァー博士の「漸近的自由」。のちにノーベル物理学賞受賞の対象になったお互いのアイデアをめぐり語り合った、１９７８年夏の歴史的対話篇。

●四六判上製●２００頁●定価　本体１２００円＋税

シュレーディンガーの思索と生涯

◆中村量空　福井謙一＝序

分子生物学を予言、古代インドのヴェーダンタ哲学と出会い、精神＝物質二元論を唱えた20世紀の物理学者・哲学者の思索と遍歴の書。未公開写真25点を含めた本格的伝記。

●四六判上製●２００頁●定価　本体２４００円＋税

インド科学の父ボース

◆パトリック・ゲデス　新戸雅章＝訳

20世紀初頭、無線の発明者の一人として世界を驚嘆させたインド人科学者、ボース。電磁気から植物生理、さらには心や生命の謎を探究した天才の生涯と独創的研究の全容を明かす。

●四六判上製●３５２頁●定価　本体２８００円＋税

無限の天才　夭逝の数学者・ラマヌジャン

◆ロバート・カニーゲル　田中靖夫＝訳

インドで高等数学を独学し、数多くの公式を発見した天才ラマヌジャン。英国数学界の頂点に立つハーディとの共同研究で絶頂期を迎えるが……。映画『奇蹟をくれた数式』の原作。

●Ａ５判上製●３８４頁●定価　本体５５００円＋税

二人のアインシュタイン

◆Ｄ・トルブホヴィッチ＝ギュリッチ　田村雲供＋伊藤典子＝訳

アインシュタインの共同研究者にして最初の妻ミレヴァ。しかし科学者として名を残すこともなく、妻の座からも追われて……。天才を陰で支えた感動的な生涯がいま明らかに。

●四六判上製●２４０頁●定価　本体２４００円＋税